U0344323

河湖采砂智慧监管

许小华 包学才 王海菁 等 著

中国水利水电出版社
www.waterpub.com.cn
·北京·

内 容 提 要

　　本书从河湖采砂的基本知识和河湖采砂监管面临的主要问题出发，结合作者近年来对采砂监管、智慧监测技术的研究和应用实践，详细介绍了河湖采砂智慧监管关键技术的基本思想、方法。全书以提升河湖采砂智慧监管水平为主要目标，以智能传感、人工智能、现代通信技术和信息集成技术为支撑，从采砂监管需求的角度详细介绍河湖采砂智慧监管关键技术及应用，内容新颖、理论联系实际。

　　本书可供相关专业科研和工程技术人员阅读，也可作为水利工程类、计算机应用、电子信息等相关专业研究生和高年级本科生的教学参考书。

图书在版编目（ＣＩＰ）数据

　　河湖采砂智慧监管 / 许小华等著. -- 北京 ： 中国水利水电出版社，2024.9
　　ISBN 978-7-5226-1182-2

　　Ⅰ．①河… Ⅱ．①许… Ⅲ．①智能技术－应用－河道－砂矿开采－管理 Ⅳ．①TD806-39

　　中国版本图书馆CIP数据核字(2022)第255515号

书　　　名	**河湖采砂智慧监管** HE HU CAISHA ZHIHUI JIANGUAN	
作　　　者	许小华　包学才　王海菁　等 著	
出 版 发 行	中国水利水电出版社 （北京市海淀区玉渊潭南路 1 号 D 座　100038） 网址：www.waterpub.com.cn E - mail：sales@mwr.gov.cn 电话：(010) 68545888（营销中心）	
经　　　售	北京科水图书销售有限公司 电话：(010) 68545874、63202643 全国各地新华书店和相关出版物销售网点	
排　　　版	中国水利水电出版社微机排版中心	
印　　　刷	涿州市星河印刷有限公司	
规　　　格	184mm×260mm　16 开本　11 印张　268 千字	
版　　　次	2024 年 9 月第 1 版　2024 年 9 月第 1 次印刷	
印　　　数	001—600 册	
定　　　价	**68.00 元**	

　　河砂资源是经济社会发展的重要物质基础，是我国消耗第二大的自然资源。我国砂石骨料年产销量达 200 亿 t，约占世界年产销总量的 1/2。河砂作为优质建筑材料，供不应求，价格暴涨，在可观的利益驱动下，掠夺性滥采乱挖频繁，给河势稳定、防洪、水利基础设施、水生态环境安全以及经济社会发展带来严重的负面影响。河湖采砂管理一直是河湖管理保护的重要组成部分，也是当前国家推进生态文明建设的重要内容之一。当前，国家正实施长江大保护战略和全面推行河湖长制，打击涉河（湖）违法违规行为，实现非法采砂智能化监管符合国家和水利部门发展规划，成为河湖管理的重要内容。由于河湖采砂水域面积广、涉砂船只多、当前智能化监管手段不足，仍然存在采砂船行为管理难、采砂量计量难、采砂监控信息采集与传输难等问题，未能真正满足采砂管理新形势和新政策的要求。开展河湖采砂智慧监管关键技术研究，为提升河湖监管工作现代化水平提供技术和应用参考，是推进河湖采砂智能化管理的有益探索，对促进智慧水利建设的高质量发展具有重要意义。本书主要在以下几个方面取得突破性进展：

　　（1）提出了采砂船和过往船只自动检测与识别技术。建立了适应日夜、雨雾等复杂环境下采砂船目标捕获技术，基于机器视觉及深度学习方法，提出了基于改进的 YOLOv4-tiny 多任务深度学习网络的采砂船及过往船只识别技术，实现了复杂环境下不同类型船只的精准识别。

　　（2）提出了采砂船"船脸"及非法行为识别与追踪技术。通过分析采砂船及采砂行为特征，首次提出了改进 RetinaFace＋FaceNet 的"船脸"识别方法，并基于仿复眼成像原理建立了面向采砂船"船脸"及行为识别与追踪技术，实现了对采砂船全时段智能识别及非法采砂行为的有效监管。

　　（3）创新了基于智能传感的采砂量动态监测技术。创新性地提出了多传感器采砂识别装置状态融合的采砂量监测技术。基于动态阈值优化、卡尔曼滤波和 K-means 算法等研发了具有干扰排除的采砂量智能计量方法，并提出了基于深度神经网络的采砂量计量智能校正方法，显著地提升了采砂量监测精度。

（4）发明了基于获取能量变化的采砂船自适应视频帧采集频度技术。结合区域气候环境要素，构建了采砂区域监控节点的太阳能能量到达模型，提出了基于太阳能能量获取的采砂区图像监测最大化监测频率方法，解决了河湖供电设施缺乏导致的监测中断问题；并利用波束合成技术，保障了复杂水域环境下采砂信息的远距离传输。

本书在总结过去河湖采砂监管工作的基础上，结合作者近年来河湖采砂智慧监管关键技术研究成果与应用实践，详细阐述了河湖采砂智慧监管技术的基本原理、方法和应用实践，为推动河湖监管的智慧化提供技术支撑和理论参考。

本书共 7 章。第 1 章是对河湖采砂基本知识和监管现状的介绍，是全书的铺垫。该章介绍了河砂、采砂船、河湖采砂监管的概念，分析了河湖采砂监管研究现状，阐述了河湖采砂监管面临的问题及挑战，并在此基础上提出河湖智慧采砂监管技术研究内容和技术路线，由许小华、王海菁、张秀平、李斯颖撰写。第 2 章介绍了河湖水面过往船只及采砂船识别技术，重点阐述了采砂船识别的技术原理、基于机器视觉和深度学习的河湖采砂船及过往船只识别方法以及基于深度学习的采砂船"船脸"检测与识别方法，并分析了采砂船及过往船只、采砂船"船脸"的识别效果，由许小华、包学才、王海菁撰写。第 3 章分析讨论了目前采砂船采砂量计量背景，进而介绍基于多元传感器协同的智能采砂量监测的技术框架、关键技术和部署策略，并详细阐述了基于多传感器协同感知的采砂量智能监测硬件和软件系统的实现过程，由许小华、包学才、王海菁撰写。第 4 章介绍河湖环境下采砂监管信息传输技术和方法，主要包括传输框架体系、基于能量获取的自适应监测频度方法、自适应图像传输切换技术和远距离协作传输技术等，由包学才、许小华、张秀平撰写。第 5 章介绍了河湖采砂智慧监管集成技术的总体思路以及分布式数据存储、多源大数据融合、可视化智能预警技术和采砂一张图构建等集成技术，并进一步介绍集成技术设计及相应功能，由许小华、王海菁、袁锦虎、张秀平、章艺撰写。第 6 章介绍了河湖采砂智慧监管技术在江西省河湖采砂监管中的应用案例，在此基础上，进一步分析了社会效益和经济效益以及推广应用前景，由许小华、袁锦虎、章艺撰写。第 7 章总结了河湖采砂智慧监管技术，对未来河湖智慧监管技术进行了展望，由许小华、李亚琳、张秀平撰写。

本书的研究工作得到了国家自然科学基金（编号：61401189、61961026），江西省水利厅科技项目（202123YBKT18）的资助。

本书的编写得到了江西省鄱阳湖水利枢纽建设办公室、江西省水利技术中心、南昌工程学院和江西省水利科学院的大力支持，凝聚了江西省水利系统各位领导、专家和同仁的智慧，在此表示衷心感谢。向所有参考文献作者及为本书出版付出辛勤劳动的同志致谢。

限于作者的水平及撰写时间仓促，书中错误或不足之处在所难免，恳请广大专家、学者、同行不吝赐教。

作者

2023 年 8 月

第 1 章

绪　　论

1.1　河湖采砂相关概念

1.1.1　河砂的定义

砂石在现代工程领域占据着举足轻重的地位，广泛应用于各类工程建设行业，甚至一些科技零部件也以砂石作为原料。按照砂石来源，主要分为海砂、沙漠砂、机制砂、河砂等四类。海砂是指受海洋自然力而形成的砂石，这种砂石多是由河流通过水流冲积浸入大海，所以海砂多位于河流与海洋交汇处。海砂中盐分过高，如果作为建筑材料会因腐蚀钢材而存在潜在威胁。沙漠砂是由石块通过经年累月的风化作用而形成的，常见于沙漠之中。但是沙漠砂太细、有土、太黏，而且可塑性比较差，加之运输成本极高，因此不太适合用在建筑和混凝土中。机制砂是指通过特殊机器设备把开采出来的石头加工成能作为建材的砂石。机制砂因为能按照需求定向制作，所以在市场上有很大潜力，但是机制砂对制砂设备和技术都有较高要求，所以目前在国内整个市场占比不高。河砂是从河道或湖泊挖掘、采集而来的砂石，这类砂石因为经受河流冲刷的作用，再加上自身的相互摩擦而颗粒圆滑。河砂因受到冲刷与摩擦的力度不同，从河流的上游到下游的不同河段所生产的河砂具有差异，因而能满足市场上对不同规格砂石的需求。我国拥有众多河流，这些河流也相应储藏着非常丰富的河砂资源，开采河砂的成本低、装备技术也比较简单，所以长期以来我国市场所需要的建筑用砂是以河砂为主。目前对于河砂采掘通常有两种方式：一种是通过采砂船，使用吸砂机等设备从河道里开采出来；另一种是通过人工或者相关机器设备在沿河滩涂、河中裸露区等其他不宜使用船舶开采的部分进行开采。国内相关法律法规规定的河道范围主要包括主干河道、支流河道、河道相连湖泊、行洪区、蓄洪区。基于此，定义河道采砂是指在河道、湖泊、人工水道、行洪区、蓄洪区、滞洪区等范围内开采砂石、取土等行为。

1.1.2　河砂的属性

河砂是河道河床的组成部分，是维持河道水砂平衡的重要物质条件，是保持河势稳定的基本要素，是河道发挥蓄水、泄水、引水、航运、排水功能的重要部件。当然，砂石也是矿产资源中的建筑材料。但是，河道中的砂石是流动的，与陆地上固定的砂石资源不同，更重要的是在河道中开采砂石，事关河床、河势和堤防的稳定，关系到堤防保护的人民群众生命财产安全，基础设施、工商企业、农业耕地的防洪安全，以及供水安全和交通运输安全等国计民生，其重要性远远大于将河道砂石作为矿产资源的管理。

《中华人民共和国矿产资源法》（以下简称"《矿产资源法》"）对矿产资源的勘查登记和开采规定了一系列严格的条件，如第三条规定，勘查、开采矿产资源，必须依法分别申请，经批准取得探矿权、采矿权，并办理登记。从事矿产资源勘查和开采的，必须符合规定的资质条件。第二十条规定，非经国务院授权的有关主管部门同意，不得在下列地区开采矿产资源：铁路、重要公路两侧一定距离以内；重要河流、堤坝两侧一定距离以内。从以上规定可以看出，勘查和开采陆地矿产资源首先要有固定的矿区范围，要分别取得探矿权和采矿权，并办理登记手续，而且要具备规定的资质条件。

《矿产资源法》调整的范围除全国陆地范围和涉及铁路、重要公路、重要河流、堤坝两侧一定距离以内的特殊陆地范围之外，不包括铁路、公路路基下的矿产资源和河流、堤坝内的河床、堤坝坝基下的矿产资源。一般来说这些地方的设施由于承担着重要的运输和防洪功能是不允许有采挖等行为发生的，否则会造成严重后果。河道为解决河砂、淤泥等淤积物影响行洪能力的问题，在经过严格的水下地形勘测、河床地质构造和堤坝地基勘测的基础上，并且在不影响行洪、排涝和航运安全的前提下，才允许开采砂石。河道砂石是河床的组成部分，应当主要从采砂活动是否影响防洪安全、河势稳定、堤防安全和航运安全等角度进行管理，依照《中华人民共和国水法》规定可采区和禁采区、可采期和禁采期时间、作业方法和开采机具等。

1.1.3　采砂船与运砂船

随着我国不断深化改革，全国各地每年都会投入建设大批工程项目，需要大量的河砂资源，河砂行业得以迅速发展起来，许多单位和个体投资造船从事采砂运砂业务，采砂船与运砂船也由此大批量产生。采砂船、运砂船主要用于河湖中采砂并将其运输至临近砂石码头，运输距离不长。采砂船主要分为链斗式和抽沙泵式，运砂船按照是否安装装卸设备主要分为自卸式和非自卸式。采砂船、运砂船主要由散货船或者杂货船经改装而成，货舱设置成为 V 形，在货舱底部安装有向船首部贯穿并经船首向外延伸的自行卸载用皮带运输机装置。作业的原理主要是将吸管沉入河底，利用大功率泵将河水和河水快速运动搅起的泥沙一起吸上来，通过船上安装的筛选过滤系统将河砂和水分离完成采砂和装砂作业，待货舱装满后直接运输至目的地。

1.1.4　河湖采砂监管

目前，在各地颁布的河道管理条例中对"河湖采砂监管"还没有具体定义，这反映出我国河道采砂监管工作未来还有很长的路要探索。河湖采砂监管是由政府部门主导，以科学有效保护、开采河砂资源为目的，维持河湖生态平衡，保障河湖生态健康发展，并通过有效的监管手段规避因河道采砂引起的河堤崩塌、河床下切、桥梁受损、航道条件恶化等一系列问题对防洪安全、通航安全、公共安全造成的影响，运用经济、法律、行政、技术等综合手段，对河湖采砂规划、生产、监管、运输、销售等全过程而

（a）采砂船

（b）运砂船

图 1.1-1　采砂船与运砂船

采取的一系列管理措施。我国河湖采砂监管工作正处于一个逐步完善的过程，未来还有漫长的探索之路。

1.2　研究背景与意义

1.2.1　研究背景

随着我国经济快速发展，各工程建设投资加大，各地对砂料的需求量剧增，采砂行业利润暴涨，在巨大经济利益诱惑下，无证开采、超采、滥挖等无序采砂现象日趋严重，河湖采砂监管任务变得日益繁重。无序采砂活动已经严重影响采砂河段的河床及生态环境，致使堤防、取水口、桥梁、码头、水下光缆等工程的基础设施遭到损坏，导致大量国家资源流失、水体浑浊度大、人民群众利益遭受损害，严重威胁河段防洪安全、通航安全及生态安全。另外，采砂造成河道下切，也使得河道、湖泊水位下降，影响饮水工程和灌溉工程取水效率，对国民经济可持续发展和社会稳定造成不良影响。

河湖采砂管理一直是河湖管理与保护的重要组成部分，也是当前国家推进生态文明建设的重要内容之一。2010 年国务院发布了《中共中央　国务院关于加快水利改革发展的决定》文件，明确指出了要加强河湖管理，严禁建设项目非法侵占河湖水域，2014 水利部发布了《关于加强河湖管理工作的指导意见》，要求严格河道采砂许可，加强涉河建设项目全过程监管，做到源头严防、过程严管。2018 年中共中央办公厅、国务院办公厅印发了《关于在湖泊实施湖长制的指导意见》，进一步强调湖泊管理重要性，要求严厉打击涉湖违法违规行为。采砂智能化监管符合国家和水利部门发展规划，已成为河湖管理的重要内容。为了解决日益突出的采砂问题，根据全面推行河长制、湖长制的要求，要进一步加强河湖采砂管理，严厉打击无序采砂行为，切实维护河湖健康生命。各地先后部署和开展了各类采砂专项整治行动，包括调查摸底、集中整治、执法打击、建立长效机制等，各级水行政主管部门和河长制办公室要按照本地人民政府和河湖长的统一部署，协调组织各有关部门明确目标，落实责任，有力有序地开展专项整治行动，确保专项整治达到预期效果，促进河湖采砂管理依法有序可控。

2006年9月1日，江西省实施了《江西省河道采砂管理办法》，启动了依法打击河道采砂活动中的犯罪行为，建立了河道采砂统一规划制度，确立了审批报批流程，明确了河道采砂监督管理职责。2017年1月1日江西省颁布实施了《江西省河道采砂管理条例》，根据条例要求，省、市、县各级水行政主管部门加强采砂违法行为巡查力度，建立了采砂登记、许可信息系统，初步构建了采砂监管体系，但采砂全过程、全天候监管尚属空白。

目前各级流域仍然存在监管技术手段不足、管理人力缺乏等情况，随着互联网技术的高速发展，各行业都大力推进云计算、大数据、物联网、移动互联和人工智能等技术创新和深入应用，信息化发展正酝酿着重大变革和新的突破，形成了国家社会经济转型发展的新格局。水行政事务作为社会治理的一部分，亟须以新时代治水思路为引领，通过提高水利公共服务的现代化、信息化和智能化水平来提升水利公共服务能力。

根据国内外公开报道，河湖采砂监管相关领域研究与应用现状还存在诸多不足，主要表现为以下几方面：①采砂行为监管以人工或无人机巡查方式为主，人工成本高，难以全过程、全天候监测，对偷采、违采等情况不能持续追踪；②采砂量采用采砂区水域底部测量或计算运砂船数量来估算，水域底部变化大、运砂出口多，造成计量误差大且难以实时、动态掌握采砂量；③无线传输性能主要体现在非水域环境，在缺乏供电设备的偏远采砂水域环境下，无线采砂监测与传输能效低、中断率高；④当前河湖采砂信息化管理平台主要以采砂信息登记、查询、统计、分析和报表生成为主，时效性差、巡查效率低、取证执法难，无法满足采砂监测、识别、追踪、预警、取证、执法等全过程智能化监管要求。

根据河湖采砂监管的严峻形势和迫切需要，针对上述采砂监管控存在的难点和痛点，围绕河湖采砂全过程监管需求和目标，开展河湖采砂量预测模型研发、采砂智能识别、采砂量智能监测、数据自适应传输、采砂全过程智慧监管决策支持等一系列的基础研究和关键技术攻关，可为河湖采砂管理提供新的工作思路，为推进采砂智能化管理进行有益探索，为提升河湖管理工作现代化水平提供技术支撑和推广应用。

1.2.2 研究意义

随着经济社会快速发展，河湖砂资源需求巨增，乱采滥挖无序采砂导致堤防、桥梁、码头等涉水工程基础设施遭受严重损毁，河床破坏和河道下切，严重破坏了水生态与水环境安全，危及防洪安全，威胁水上航运安全，给水上治安带来严峻挑战，并带来大量国有河湖砂资源流失等社会问题，成为社会治理的难点。国家和各地区相继出台了一系列政策、法规、办法和措施，着力加强河湖采砂管理。但河湖采砂监管工作存在水域面积广、涉砂船只多、调查取证难、人力不足等现实难题，当前监管技术手段难以满足全面、快速、智能、全天候的监管需求，制约了监管的时效性、有效性和高效性。本书融合采砂船识别、采砂行为监管、采砂量计量、图像监测及传输等关键技术，面向采砂船只停靠、采砂、运砂、堆砂全过程监管，研发河湖采砂智能化监管平台。成果可推广应用于省、市、县各级河湖采砂监管执法、河湖保护、河湖开发治理等工作，实现智能化"天眼"代替"人眼"，全面提高河湖监管的信息化、智能化、现代化水平，为船舶航行安全、防洪安全及水生态环境安全提供重要技术保障，推动河砂资源开采由无序向有序转变、现场管理由粗放型向精细化转变、采区水域由事故频发向平稳可控转变、治安环境由混乱无序向平安稳定转变；有助于维护河势稳定、保障防洪和通航安全，保护生态环境安全，促进河砂资源可持续利用和经济社会可持续发展，保障饮水工程和灌溉工程取水效率，提高资源节约型、环境友好型社会的建设能力。

河湖采砂智慧监管关键技术研发及推广应用是贯彻落实党中央关于推进国家治理体系和治理能力现代化及长江大保护重大战略的体现，是构建美丽河湖、健康河湖的重要举措，具有重大的科学价值与现实意义。

1.3　国内外研究现状

1.3.1　采砂监测技术研究

河湖采砂管理具有点多、线长、面广等特征，导致监管难度较大。传统的监管方式难以满足实际需求。采砂监管工作主要围绕如何监管采砂者是否按照批准的时间段、区域和采砂量进行采砂，以及如何及时发现、打击无序采砂行为等问题来开展。目前国内针对采砂进行监管的手段主要有：①执法船只或车辆巡逻，但人力资源有限，监测时段及区域有限；②岸基视频监控，但监测范围有限，对网络要求高，运行维护难；③船载视频监控，一般安装在执法船只上，作为实时执法取证的辅助手段；④激光及脉冲雷达监测，仅能作用于静态目标，且造价较高。虽然部分省市、各级流域开展了不同的监管信息化试点工作，但普遍智能化程度不高、现代化水平不足，尚无法完全满足河湖采砂执法中的综合监管、决策科学的功能需求。

近年来，一些内河航道采砂区域监测技术为采砂区域监管提供了技术参考，主要包括基于视频和雷达信号的采砂区域监控技术、基于采砂船档案与 AIS 轨迹比对技术、基于航道测量监控技术等。对于基于视频和雷达信号的采砂区域监控技术，在重点航段均安装有 VTS 系统，其中视频和雷达信息可用于采砂区域监控，拍摄到的视频图像信号，通过3G 无线数字网络，实时传送到监控中心监视器上。由于采用了先进的数字监控技术，其传输通道基于 IP 网络，用户只需接入互联网，即可同步监控采砂现场情况。同时，为方便对非法采砂行为进行取证、存档，监控中心可采用磁盘阵列作为存储介质，存储1个月内（根据需要可调整）的所有视频数据，系统管理员可以随时调阅以前的录像资料。目前，在桥区、码头等重要区域均建有 VTS 系统，其主要作用是对船舶交通流进行有效监管，保证监管区域船舶的安全航行。VTS 系统中的雷达信号可作为航道采砂监管的有效信号源，与 AIS、视频等其他信号一起用来综合判断船舶是否属于违法违规采砂作业。但是，VTS 系统主要用于船舶交通流的监管，若用于采砂监管，则需要对 VTS 系统中雷达信号作进一步加工处理，使之可用于判断采砂工作是否在规划区域内施工。雷达船舶信号与电子航道图叠加，VTS 系统中的原始雷达信号主要提供监控范围内的船舶航行轨迹信息，用于采砂监控时对其作进一步的识别处理，以确定船舶的行为。重点河段采砂区域监控的主要目标是及时发现船舶是否在规定的区域内进行合法采砂。通过 CCTV 和雷达探测获得监控河段的视频与雷达图，结合 GPS 技术和智能识别技术，可以准确区分正常航行船舶和采砂作业船舶，进一步判断监测采砂船是否在规定区域内作业。

监控视频、雷达成像系统、红外系统检测和目标跟踪的关键技术主要包括：①基于对比度分析的方法，该方法利用目标与背景在对比度上的差异来提取、识别和跟踪目标；②基于特征匹配的目标跟踪算法，该算法需要提取目标的特征，并在每一帧中寻找该特征，寻找的过程就是特征匹配过程；③基于运动检测的目标跟踪算法。通过检测序列图像中目标和背景的不同运动来发现目标存在的区域，实现跟踪，但其本身还存在着一些问题，如需要多次迭代，运算速度较慢，不利于实时应用等。

在基于采砂船档案与 AIS 轨迹比对技术方面，主要采砂区域监控对持证采砂船只进行登记，建立持证采砂船档案数据库。在采砂船舶档案数据库中有各采砂船的船长、船宽、吃水深度等静态信息，同时，在持证采砂船上安装 GPS/AIS 及其他信息采集终端，实时动态地向监控中心报告其位置信息等。若某处经雷达或视频识别出的船只为采砂船，可在持证船舶数据库中进行位置、外形等参数比较，分辨出是持证合法采砂船，还是无证非法采砂船。在采砂监控系统中，值班人员可根据相关政策法规，通过系统提供的电子航道图设置许可/禁止采砂区域和禁止采砂周期。在禁止采砂周期内，任何采砂作业均为非法采砂。在许可采砂期内，若船舶进入禁止采砂区域进行采砂作业，则被系统自动判断为非法采砂，并通知现场执法人员进行干预。即使在许可采砂期和许可采砂区域内进行采砂作业，也有可能是非法采砂船。对于此类非法采砂船，可通过数据库查询方法，确定其是否合法。监控中心监控工作站上显示被监控江面的电子江图，系统通过数据库查找和识别，获取监控区域内船舶的船名、船号、长、宽、类型等静态信息，以及位置、航速、航向等动态信息，并在电子航道图上直观地显示。在用户监控画面上使用特殊颜色标绘规划采砂区域、采砂船、运砂船所处的动态位置信息。一旦采砂船在规划区域内停留时间超过设定时间，则判断为非法采砂，值班人员立即通知执法船对其进行警告。

此外，在基于航道测量监控技术方面，河湖不同于海洋航道，其季节水位变化明显，水流中泥沙含量高、流速快，因此，航道测量部门会定期、不定期地对航道进行测量，尤其是采砂区域测量频率较高。在获得航道测量水深分布数据后，监控中心软件系统可根据测量数据自动生成航道水深结构示意图。同时，在规划采砂区域还有拟采砂量的设计 CAD 图，可根据规划设计的采砂 CAD 图自动生成航道结构示意图，将二者进行自动和人工比较，即可发现采砂活动是否是在允许范围内。当某点有较大误差时，根据记录很容易找到责任采砂船，可责令其恢复航道原貌并进行相关处罚。

1.3.2 船只识别技术研究

（1）人工智能技术。人工智能技术在水利行业的应用主要体现在前端的数据采集部分，传统的 CV 算法准确度低、误报率高，不具备工程实践的条件。人工智能技术的应用和演进，可以让前端采集设备真正意义上"智能化"，实现全时域、全空域的数据采集，及时告警、提高管理效率。人工智能技术已用于水库及河道水面漂浮物智能监测、水位与闸门开闭监测、采砂船只监测等。江玉才等在《河道采砂智能监控系统的设计》中运用视频监控、卫星定位和振动传感器等技术，实现采砂方量、工作时间和位置的动态监测，并对违规采砂进行智能分析报警。程岳寅在《人工智能在水利安防领域的应用及趋势探讨》中，认为水利行业仅仅是人工智能＋行业应用的一个缩影，人工智能技术在视频领域蓬勃发展。罗捷在《人工智能在水利工程管理中的应用的浅述》中提出只有加强人工智能技术在水利工程管理中的应用，才能提升水利工程的运行效率。通过水利工程管理中的人工智能技术干预，可以优化整个水利工程管理流程，为后期的水利工程管理智能化提供指引。颜智博等在《智能跟踪算法在采砂监管中的应用研究》中，提出了一种基于相关滤波器的可变跟踪框智能算法，该算法可以准确快速地跟踪江河湖面上的非法采砂船，计算量少，鲁棒性高，对硬件的要求并不严苛，可以自由应用于从低性能到高性能的各种设备。基于该算法开发了非法采砂船追踪器，再配合百度深度学习平台 Easy DL 后，构成一套采砂船监控系统，实现对长江水域非法采砂船 24h 的有效监控，大幅提高监控非法采砂行为的效率。

（2）目标识别技术。目标识别技术是一种利用目标图像的特征信息建立对象描述，从而对该目标的类别进行划分和持续性监测的技术。在国外 Lampropoulos et al. 对图像的旋转、尺度和平移不变性展开研究，提出了一种基于系统重构分类问题的 Zernike 矩方法。该方案利用几何矩对参数进行归一化，实现尺度和平移不变性。Zernike 的正交性，简化了图像重建的过程，使特征选择方法实用化。每个顺序的特征也可以根据它们对重建过程的贡献来加权，并用实验验证了 Zernike 方法的优越性。He et al. 提出了一种基于学习的色度分布匹配方案的图像检测算法，用于确定图像的皮肤色度分布，使其能够容忍来自特殊照明的色差，用于获取精确的皮肤分割从而进行各区块的识别，并用实验证明了该方案能在特殊光照条件下取得良好的识别效果。Smith et al. 进行了防止海面上船只碰撞系统的开发，它们对各区域的像素值进行统计，通过直方图分析进行物体与背景的分离。Sanderson et al. 区分背景信息和物体时，采集海浪的频率特征，然后采用该特征进行匹配从而对海面的情况进行分析，最后用运动约束方程进行目标跟踪。对船只目标识别的研究相对较少。

（3）船舶自动识别系统。船舶自动识别系统（Automatic Identification System，AIS）是一种船舶导航设备，通过 AIS 使用，能强化船舶间避免碰撞的措施，能加强 ARPA 雷达、船舶交通管理系统、船舶报告的功能，能在电子海图上显示所有船舶可视化的航向、航线、航名等信息，改进海事通信的功能，提供一种船舶进行语音和文本通信的方法，增强了船舶的全局意识。该系统由岸基（基站）设施和船载设备共同组成，是一种新型的集网络技术、现代通信技术、计算机技术、电子信息显示技术为一体的数字助航系统和设备。该系统是需要预先安装在相关船只的相关芯片上，通过基站设施对过往船只的扫描，读取芯片上的信息，从而对船只进行识别。AIS 系统配合全球定位系统（GPS）将船位、船速、改变航向率及航向等船舶动态信息结合船名、呼号、吃水及危险货物等船舶静态资料由甚高频（VHF）向附近水域船舶及岸台广播，使邻近船舶及岸台能及时掌握附近海面所有船舶的动静态资讯，做到保持相互通话协调，采取必要避让行动，有效保障船舶航行安全。

从上述研究现状分析可知，目前船只识别技术利用人工智能、传统图像处理和船舶自动识别系统（AIS）等技术开展了船舶识别、目标跟踪和航行安全等方面研究。但这些技术在应用中仍然存在一些不足，主要没有考虑大雾、阴雨、夜间等复杂环境下的船只识别，多数方法采用传统图像处理进行目标跟踪，导致准确性不够。此外，AIS 系统的应用范围有限，对 GPS 和岸基设施的依赖性高。这些问题限制了此类技术的广泛应用和发展，无法实现全天候实时监管。因此，本书利用最新的机器视觉和人工智能技术，建立适应日夜、雨雾等复杂环境下河湖过往采砂船只的目标识别技术，在此基础上，研发采砂船"船脸"识别技术，实现复杂环境下采砂区采砂船全天候的精准识别。

1.3.3 图像传输技术研究

加强采砂监测信息传输的实时性和有效性是当前采砂智能监管的重要内容，它将彻底改变传统人工采砂监管的模式。目前传统传感网络由于其低成本、低功耗、低速率等特点，广泛应用于自然灾害、水质监测等数据量少且传输速率要求低的领域，由于能量受限，围绕延长传感网络的生命周期等相关理论得到广泛研究。随着采砂监测需求的扩大，视频图像监测已成为当前监测应用的发展趋势。为提高传感网络采砂图像监测的生命周期，近些年国外学者开展了面向图像监控的无线多媒体传感器网络监控的相关研究，其研究内容主要集中在视频覆盖、视频传输质量及多传输路由等方面。

（1）视频覆盖。该方面研究主要包括区域覆盖、目标覆盖和跟踪覆盖等内容。主要根据传感节点摄像头方向可调性、覆盖半径大小、覆盖角度范围，优化最小开启的摄像头数量来覆盖最大范围，或者根据覆盖指定目标数量的条件优化部署多媒体传感节点。这类研究主要采用近似优化算法解决随机部署无线多媒体传感器网络覆盖，或利用智能优化算法实现无线视频传感网络优化覆盖，同样考虑能量消耗最小化问题。此外，针对 k 个视频图像监测节点覆盖以及全视域覆盖问题方面，主要考虑保证区域覆盖的最小图像传感节点调度策略，并给出相应的实施方案。嵌入式摄像头传感器网络的概念最早是由普林斯顿大学的 Wayne Wolf 教授提出，这是一种能够对获取的监控信息进行实时视频分析的嵌入式系统，包括运动检测等，易于安装和扩展。美国斯坦福大学的无线传感器网络实验室研究了基于多个摄像头协同的视频分析技术，建立了动作识别系统。

上述研究主要围绕视频图像覆盖要求最小化节点能量消耗，从而延长网络生命周期，但没有考虑具体视频覆盖能量消耗、能量需求以及网络生命周期对视频覆盖的影响。

（2）视频传输质量。主要针对视频图像的传输质量要求，基于图像编码技术和资源调度技术来提高视频传输质量。如 Usman et al. 提出一种视频图像传输服务质量架构，并提出了基于可伸缩视频编码的最大化网络传输性能优化方法，结果表明该方法有效地提高了大容量视频数据的传输质量。另外，部分研究学者针对移动接收节点情况，提出了基于质量体验的内容中心网络范式，通过区分监测多媒体数据类型和调度缓存大小，有效地减少了端到端传输时延。在针对感兴趣区域的图像传感网络传输问题方面，主要通过一个较低复杂度且高速率性能的感兴趣区域编码策略，并利用一个在线速率控制器将缓存要求最小化，结果分析表明该方法在能量受限下具有更好的传输质量。

然而，当前关于视频传输质量方面研究的主要目标是通过编码技术和节点资源调度，保证一定吞吐量以及端到端时延等情况下最小化能量消耗，没有考虑不同编码计算能耗和优化方法的计算能耗，也没有考虑电池容量有限情况下监测节点的生命周期。

（3）传输路由。当前研究热点主要针对不同应用场景，根据可靠性、安全性、传输性能、节点能量、节点干扰等情况，构建最小化能量消耗的单路径或多路径路由进行传输，延长网络寿命，实现特定场景下的传输性能。如在服务质量要求下最小化能量消耗的路由协议，给出了大规模动态多媒体传感网络的安全路由协议等开放研究问题，目前提出的基于分簇的视频流多路径路由算法，首先定义传输性能要求作为约束条件，通过改进蚁群算法构建多路径来均衡各个传输节点的传输负载，该算法虽在性能上有一定程度提升，但没有考虑图像冗余传输对能量消耗的影响。此外，针对多目标路由问题，主要根据视频传输的实时性条件，提出满足传输要求的多约束多路径路由算法，评估在数据包接收率、能量消耗、平均端到端时延方面性能。从现有的路由算法研究可以发现，目前图像监测传感网络路由协议或算法大部分集中在多路径路由算法，该算法主要考虑图像传输服务质量要求下最小化能量消耗，没有考虑图像监测可压缩性与长期监测相结合的传输路径优化问题。

从上述目前视频图像监测方面的研究现状可知，基于无线多媒体传感器网络的研究还是集中在电池供电的无线传感网络，主要围绕延长监测节点的生命周期开展相关研究，对于环境偏远河流采砂区域能量供应受限的情况，没有考虑到无线传感网络节点图像监测传输的长期性和持续性需求，也没有针对采砂区域图像监测的特点对传感网络高效传输进行深入分析和研究。为实现河湖采砂监测数据的有效采集，针对江西省河湖面积大、监测区域广的特点，现有的采砂监测装置往往放置在采砂船以及河湖有供电设施和移动信号区域，不能根据监测节点能量情况在放置区域自适应传输等问题，本书将解决采砂全过程的自适应监测传输问题，开发一种智能的、可持续监测的、信息传输可自适应的图像监测系统。

1.3.4　采砂监管系统研发

目前，我国各地已先后将信息化的技术手段应用于水上采砂活动的监管中，为采砂过程的动态监管提供了借鉴经验。国内已有数个采砂监管系统的应用案例，广东、安徽、重庆等地都纷纷建立了相关采砂系统。

（1）广东省河道采砂动态监控系统。广东省水利厅提出采用全球定位系统（GPS）、传感器技术、无线传输数据、数码摄像（DC）、Web 技术、数据库技术、地理信息系统（GIS）技术建设河道采砂动态监控系统，通过对采砂船只进行精确的 GPS 定位、实时图像拍摄、采砂监控，实现采砂范围及采砂量的有效控制，达到河道采砂的远程监管的目的。广东省监管系统投资力度大、功能全面、展现形式丰富，但是尚未针对航道过往船只的监管来建设相关的识别系统，也未接入海事部门 AIS 系统。

（2）安徽长江河道采砂监管系统。该系统主要功能是无线通信、采砂船全方位视频监控、采砂船超区监控报警、记录存储、下载相关历史数据，是一个集成的无线视频 GPS 系统。该系统采用先进的软件数据处理技术、计算机技术与大规模集成电路技术，是集全球卫星定位（GPS）、视频图像传输（VS）、自动（ALM）报警监控管理、Internet 与一卡通等指挥、调度管理与信息服务功能于一体的综合电子信息应用网络系统。该系统的一体化设计为后续功能扩展预留了接口，但是未能实现船只类型智能识别和采量监控的技术要求。

（3）重庆市河道采砂智能监控系统。该系统前端部分通过视频监控技术、GPS 定位技术和振动传感器技术，对采砂作业现场的位置信息、采砂工作情况以及图像（视频）数据进行采集，这些数据经无线数据网络传送给水利局中心端，经中心端的接收与处理，能够较准确地得到实时的采砂方量、采砂工作时间、采砂工作位置与区域范围，对可能或正在发生的违规采砂实现动态监视和智能分析报警，但未涉及对河道上的船只智能识别的相关技术。

（4）长江河道采砂管理远程可视化实时监控系统。该系统是集监控采集、指挥控制和信息服务功能于一体的综合电子信息应用系统，将提高长江河道采砂管理自动化和智能化水平。该系统的实时信息采集方式：脉冲雷达监控——设计采用脉冲雷达作为重点监控河段的核心监控设备；激光雷达监控——通过激光雷达扫描，获得进出湖口的船只的灰度图像，经过处理统计出采砂船数量；GPS 定位信息——GPS 接收机通过监控终端将实时信息直接传送到监控中心；视频监控信息——采用视频监控对采砂船作业过程、执法过程、设备工作状况和江面现况等进行可视化采集。雷达监测方法造价昂贵，且只能检测到船只数量，无法做到船只类型的识别和报警。

1.4 河湖采砂监管现状分析

1.4.1 河湖采砂监管体系

（1）水政执法组织机构。水政监察是指水行政执法机关依据水法规的规定对公民、法人或者其他组织遵守、执行水法规的情况进行监督检查，对违反水法规的行为依法实施行政处罚、采取其他行政措施等行政执法活动。根据 2004 年 10 月 21 日水利部令第 20 号公布的《水政监察工作章程》第二条：县级以上人民政府水行政主管部门、水利部所属的流域管理机构或者法律法规授权的其他组织（以下统称水行政执法机关）应当组建水政监察队伍，配备水政监察人员，建立水政监察制度，依法实施水政监察。

（2）采砂执法规章制度。政府职能管理单位制定了一系列的法律法规规范采砂行为，现有管理办法是多部门组织联合行动，在所负责辖区内的河道进行违法采砂船打击专项行动；派出执法船艇对辖区内的河道进行巡查，发现存在违法违规的采砂行为时对其进行处罚；接到群众举报，执法部门派出工作人员到达相关水域进行执法。采用人工监管的方式对河道存在的非法采砂进行执法，由于河道的采区分散、作业船点多面广、河道砂石开采不规范，执法存在很大难度。

（3）河湖采砂规划。河湖采砂规划根据防洪安全、河势稳定、通航安全和生态环境要求编制，采砂规划由省级人民政府水行政主管部门会同有关设区的市人民政府水行政主管部门编制，经征求省级人民政府交通运输、公安、国土资源、农业、林业、环境保护等主管部门的意见后，报省级人民政府批准；其他河流的河湖采砂规划，按照河道管理权限，由设区的市、县（市、区）人民政府水行政主管部门编制，经征求同级交通运输（航道、海事、港航）、公安、国土资源、农业（渔业）、林业、环境保护等主管部门意见后，报本级人民政府批准，并报上一级人民政府水行政主管部门备案。河湖采砂规划每五年编制一次，经批准的河湖采砂规划必须严格执行，确需修改时需经原审批机关批准。

（4）河湖采砂许可。我国的河湖采砂实行许可制度。以江西省为例，江西省河湖采砂许可实行分级管理：长江江西段由长江水利委员会实施采砂许可；鄱阳湖由省人民政府水行政主管部门实施采砂许可；江西省"五河"干流按行政区划由所在地设区的市人民政府水行政主管部门实施许可；其他河流由设区的市、县（市、区）人民政府水行政主管部门按照河道管理权限实施许可，报上级水民政府水行政主管部门备案，并向社会公布。

（5）河湖采砂现场监管。市、县（市、区）人民政府根据河湖采砂监督管理任务的需要，组织水利、交通运输（航道、海事、港航）、公安、农业（渔业）等主管部门和乡镇人民政府组成现场监督管理队伍，对采砂现场的生产、交易、运输和水上交通、社会治安进行现场监督管理。

以江西省为例，长江江西段可采区现场监管责任单位根据《水利部关于加强长江河道采砂现场监管和日常巡查工作的通知》（水建管〔2013〕467 号），制定可采区现场监管办法和年度采砂实施方案，"五河一湖"可采区现场监管责任单位根据《江西省河道采砂管理条例》（2016 年 9 月 22 日江西省第十二届人民代表大会常务委员会第二十八次会议通过），确定可采区现场监管办法和年度采砂实施方案，对可采区落实监管责任人，实行 24小时值班和交接班制度，确保采砂作业不超过控制开采区域、开采时间、开采总量、采砂功率和采砂船数量。对现场监管过程中发现的违法采砂行为，按照相关法律法规和规定进行处罚。

1.4.2 河湖采砂监管任务

河湖采砂需科学规划、总量控制，有序开采、保护生态，严格监管、确保安全。采砂监管包括采砂区监管、采砂船只监管、采砂行为监管、采砂远程监控、报警取证执法辅助等内容，对船只停靠、可采区、保留区、禁采区，开采范围、时段、采砂量、功率、方式以及堆砂等均有相关管理要求。

（1）采砂区监管。河湖采砂监管工作核心是对采砂船只的监测与监控。采砂船可以分为许可采砂船和非许可采砂船，许可采砂船通常在规划可采区和集中停靠点监控，主要通过 GPS 位置定位监控和智能视频监控完成，在采砂船经过许可进行采砂工作时可通过智能传感设备等进行采砂量的监测；非许可采砂船主要通过智能视频监控实现，监控区域在规划可采区和禁采区。通过智能化的监控监测装置对监控对象进行 24 小时实时监控，发现问题主动报警。报警信息分级推送，信息处理终端形式多样，指令下达分级传送，执法车船自动定位与导航，执法过程全程记录与保存。采砂管理区域包括可采区管理、禁采区管理、集中停靠点管理等。

1）可采区管理。在经过规划的可采区内只有经过许可的采砂船才能进行采砂，需要监管的内容包括：采砂船是否登记造册、是否越界采砂、是否超采、是否在禁采期采砂等。

2）禁采区管理。禁采区禁止任何船只采砂，只要判定为采砂船只，即可发送报警，告知执法人员。

3）集中停靠点管理。集中停靠点是对采砂船只进行集中管理，当有船只驶入或驶出划定范围即可产生报警，并发送给管理人员。

（2）采砂船只监管。

1）对合法采砂船监管。其主要功能是对合法采砂船进行采砂计量，并监督合法采砂船在规定的区域、规定的采砂量、规定的时间进行合法的采砂行为。

2）对非法采砂船监管。其主要功能是监控非法采砂重点水域的过往船只及违法采砂行为，监管具有采砂功能的各类船舶，特别是私自改变船舶登记用途从事采砂作业或私自改造、使之具备采砂机具和采砂作业能力的船舶。

（3）采砂行为监管。砂石资源沿江分布，偷采活动时有发生，涉砂船舶数量巨大。但专职采砂管理人员有限，无法逐一对每个可采区、禁采区、每艘采砂船舶进行实时监管。故对分散的涉砂船舶、非法采砂重点水域进行统一监控与管理，加强对河湖采砂的监管力度，弥补现有执法管理手段在技术、人力、物力上的不足，提高河湖采砂管理自动化和智能化水平。采砂行为监管对各重点禁采区域进行实时监测，发现采砂行为，连同区域信息、非法采砂坐标信息等形成非法采砂告警记录。

（4）采砂远程监控。河湖采砂布设了部分监控点，但较为分散，需要集中的管理与控制。通过在监控中心部署大面积的集中监控窗口，实现各重点区域的视频图像集中显示与操作，并实现多路图像自动轮询显示。采砂视频监控系统供水政监察机构使用，也需要向省水利管理单位提供服务，因此需要支持接入相关部门的视频源。要求监控系统具有开放性和可扩展性，支持与不同监控系统的对接。

（5）报警取证执法辅助。河湖采砂所面临的范围广、无固定地点、无固定时间，需要大面积、全天候实时监控河湖采砂情况，需要在无人值守的情况下自动对涉嫌非法采运砂船舶进行识别并告警，为提高执法效率，需要智能化监管。报警记录生成后，系统能够控制摄像机到达指定区域和相应坐标点进行视频录像和图片抓拍，并将报警时间、报警区域等信息进行证据封存，形成非法采砂证据链。

（6）信息化监管。近年来，全国各流域、省级水政执法主管部门建设了一批信息化监管系统，在一定程度上满足了河湖采砂管理中的视频监控、采砂许可管理及统计分析等功能。但这些系统大多是依照各自的管理模式、业务领域、专业特点来构建，相关数据未能实现互联互通，各系统之间未预留相关技术接口，因此造成了不少信息孤岛的现象，并且呈报信息形式较为单一，尚未有与航道相关的视频监控功能，无法满足河湖采砂执法中的综合监管、决策科学等功能需求。智能化技术没有或少有运用，难以满足自动实时发现、追踪、告警等监管要求。

1.4.3 采砂日常监管难点

（1）管理难度大。河湖采砂管理呈现点多、线长、面广等特点，砂石资源较丰富，管理难度大，主要表现在以下几个方面：

1）河湖管理范围大，监管盲区多。河流、湖泊众多，分汊众多，便于非法采砂者躲避和逃逸，中小河流分布极为分散，而且重点水域缺乏足够的视频监控信息点，存在较多监管盲区，从而造成非法采砂行为难以及时发现。

2）非法采砂船舶流动性强，缺乏有效监管。各类采砂船舶游动于河道内，流动性强，特别是"三无"船舶。"三无"船舶功率从十几千瓦至几百千瓦不等，目标小、流动性大，平时躲藏在不易被发现的河汊、支流等水域，利用恶劣天气、深夜等时机偷采，发现情况后迅速逃离现场。由于"三无"船舶管理执法主体不明确，执法依据不足，给监管工作带来了较大困难。

3）非法采砂形式多样，隐蔽性高。河湖非法采砂、违规采砂行为较为普遍，且违法形式多样：未经许可非法从事经营性采砂，没有向采砂主管部门申请办理许可，直接到河道里进行偷采，乡镇层级存在社会公众在桥墩等地进行挖砂现象，较为猖獗，造成巨大的潜在危害性；部分采砂业主或建设单位虽然申请办理河湖采砂许可，但并未按照采砂许可证的规定进行采砂作业，存在或超过采砂许可证规定的采量进行开采，或超越规定的范围和采砂功率进行开采，或超出规定的采砂船数量、开采深度进行开采等现象。

4）水域岸线管理薄弱，监管手段落后。岸线利用缺乏统一规划管理，河道（湖泊）岸线范围不明，功能界定不清，管理缺乏依据。砂石乱堆放现象仍多见，对河道（湖泊）行（蓄）洪带来不利影响，甚至严重破坏了河流生态环境。

（2）执法难度大。

1）取证难度大。在河湖采砂和岸线破坏等违法、违规行为处罚过程中，需要充分举证，一旦执法人员掌握的证据不足，无法对偷采、盗采、侵占岸线等违法行为进行处罚。此外，河湖采砂偷采、盗采大多在夜间及偏僻处进行，仅仅通过执法人员巡视检查，很难获取非法采砂的充足证据，导致非法采砂分子大多抱有侥幸心理，助长了非法采砂人员的气焰。大多数江河都没有针对河湖采砂、岸线破坏管理的监控设施，非法分子大多有恃无恐，不配合执法甚至阻挠执法的现象时有发生，极大增加了执法难度。

2）执法反应不及时。按照水政执法要求，河道违规处罚必须抓现行。面对各大中小河流，很多非法采砂分子与执法人员"打游击""躲猫猫"，违法的隐蔽性极高，执法人员很难及时发现问题，即使发现非法采砂行为也很难及时制定有效的抓捕方案与措施，当执法人员到达违法现场，非法采砂船只早已逃之夭夭，导致执法方经常处于十分被动的局面。执法过程与执法管理方面缺少必要的信息化支撑，仍停留在"人海战术"层面。案件的发现仍大量依靠举报电话，处于被动受理的局面，存在大量"看不到"的问题；案件信息共享方式落后，案件受理后无法快速准确地传达给执法人员，缺少能够描述现场信息的图片、语音、视频等，依靠人力现场核实，极易造成"逮不着"的问题。

3）三级联动执法效率低。目前省、市、县三级管理机构之间的联系均依靠电话、EMS、传真等传统方式，河道执法在效率和及时性方面存在不足，亟须建设三级联动执法的信息化平台，促进河道执法管理效能的提升。

1.5 采砂监管技术瓶颈

根据采砂监管现状可知，目前的采砂监管工作仍然缺乏相应的技术手段来保障监管工作的高效开展。亟待解决的采砂管理难点问题主要体现在以下几个方面：

（1）采砂船和采砂行为智能识别水平低。采砂行为监管以人工或无人机巡查方式进行，人工成本高，不能全过程、全天候监测，对偷采、违采等情况不能持续追踪。传统的监管模式需要耗费大量的人力资源，无法及时发现违法采砂行为，取证难度大，严重影响执法的准确性。在此形势下，如何通过智能化的手段识别分析采砂行为、自动取证报警、提升执法效率是摆在一线执法人员面前亟待解决的问题。

（2）采砂量监控技术手段不足。采砂量采用采砂区水域底部测量或计算运砂船数量来评估，水域底部变化大、运砂出口多，存在计量误差大且不能实时掌握采砂情况的问题。

河道采砂通过采砂船进行水下作业，开采方式有挖斗式和吸泥式。由于采砂船只的流动性大，且经常靠岸作业，采砂时的挖掘及采砂后留下的沙坑都会对堤形成扰动和损伤，因此采砂船即使在规定时间、规划区域内也不能在同一地点过量采砂。在河道采砂量监测中，需要掌握采砂船的工作时间，防止超时开采。

现有的采砂船采砂量计算主要通过经验判断，或者通过实际采砂值模糊估算，没有实测数据作为支撑，不能计算出较为准确的采砂量及采砂船的实际开采值。此外，现场监管过程受时间、空间、气候以及人为因素的影响，监管部门无法掌握实时监控采砂船只的行进轨迹和测量实际采砂量，使得现场监管效率不高。没有准确的采砂量也无法实现河道砂石资源费的足额征收，造成财政收入的流失。

（3）复杂水域环境下图像监测和传输效能低。无线传输性能主要体现在非水域环境，在缺乏供电设备的偏远采砂水域环境下，无线采砂监测与传输能效低、中断率高。河湖采砂区分布较广，且通常在偏远地区，为降低建设成本可根据监视点位置情况采用无线传输的方式，但是偏远区域基站不能有效覆盖，部分监控节点无供电设施，造成采砂监控信息不能有效传输。

（4）未实现采砂全过程智能监管。当前河湖采砂信息化管理平台主要以采砂信息登记、查询、统计、分析和报表生成为主，但是未能对相关数据实现互联互通，仍然存在信息孤岛的现象，并且采砂监管数据的可视化手段较为单一，管理者不能清晰地掌握采砂船的实时动态，时效性差、巡查效率低、取证执法难，无法适应采砂乱象的监测、识别、追踪、预警、取证、执法等全过程智能监管要求，采砂管理现状未能真正满足新形势和新政策要求。

1.6 研究内容与技术路线

1.6.1 研究内容

（1）开展基于深度学习的采砂船及过往船只识别、采砂船"船脸"识别以及基于仿复眼感知的采砂行为智能识别技术研究。针对采区采砂船及其行为的人工巡查成本高、实时监管难等问题，通过基于机器视觉及深度学习方法，构建复杂气候环境下的采砂船识别模型，在图像中自定义画出检测的 ROI 区域，改进优化深度学习的主干网络，特征融合网络以及盒、类预测网络等部分；基于此利用不同角度等姿态的高内聚性和不同船舶目标低耦合性的特性，进一步提出基于深度学习方法的"船脸"识别技术，实现夜间、雨雾等复杂环境下采砂船的精准识别；此外，基于仿复眼成像原理的采砂行为智能识别技术，结合采砂船目标检测、"船脸"识别技术、采砂船位置等信息，实现采砂船及其行为的全过程轨迹追踪，为采砂船及其行为的自动取证和自动预警等提供重要依据。

（2）开展基于"声-光-电-振"协同感知的采砂量实时监测技术研究。针对目前采砂量计量主要采用水下量测或简单运砂船数量统计等方法，存在计量不准确、动态监管难等问题，结合采砂船采砂装置特点，采用光电传感器＋电磁感应、超声波传感器＋光电传感器的协同智能融合方式，感知采砂船采砂装置的状态信息，通过结合动态阈值优化、卡尔曼滤波和 K-means 算法等开展具有干扰排除的采砂量智能计量方法研究，并提出基于深度神经网络的采砂量计量智能校正方法，实现采砂量监测精度的显著提升。

（3）开展持续阴雨气候环境下基于获取能量变化的采砂船自适应视频帧采集频度技术研究。针对河湖采砂区域部分水岸供电设施存在不足造成监控设备监测中断以及复杂水域环境下信息传输不稳定等问题，结合河湖采砂区域气候环境要素，构建基于核偏最小二乘模型的太阳能获取预测技术，提升太阳能量预测精度，实现复杂水域环境下采砂信息的持续稳定传输。针对部分监控区域距离移动信号覆盖区域较远的情况，开展基于波束形成的高能效采砂信息传输方法研究，优化节点选择和功率优化，实现传输距离和信息传输能效性能的提升。

（4）河湖采砂智慧监管集成技术及系统实现。针对传统河湖采砂管理存在的人力投入大、无序采砂行为"看不到"、"逮不着"、执法难、智能化程度低等难点，通过对采砂智慧监管、分布式数据存储、多源大数据融合、可视化智能预警、采砂一张图构建等技术进行集成，并研发江西省河湖采砂智慧监管系统，提供看得见、方便查、能预警的现代化综合监管平台，实现河道采砂对从业者、采砂船（车）、砂场等全要素管理以及规划、许可、开采、运输和销售全链条监管。

1.6.2 技术路线

以提升河湖采砂管理现代化、智能化水平为目标，按照"难点分析-理论与技术创新-技术产品研发-推广应用"思路，针对河湖采砂全过程监管中长期存在的可采量精确预测难、采砂总量监测实时性不强、复杂水域环境下采砂船识别与跟踪难、恶劣气候条件下采砂信息传输不稳定等难题，基于水沙与河床演化互馈机理、多元传感器协同、机器视觉与深度学习、仿复眼感知等理论、技术与方法，开展了河砂可采量预测、采砂量实时动态监测、采砂船及其行为识别、基于能量的自适应视频帧采集频度等方法和技术研究，创建了采砂协同感知与智慧监管新模式。采用"典型示范-全面推广"方式，为河湖采砂的规范有序开采、全方位监管、管理决策提供了强有力的技术支撑，有效提升了采砂监管的现代化水平。总体研究思路如图 1.6-1 所示。

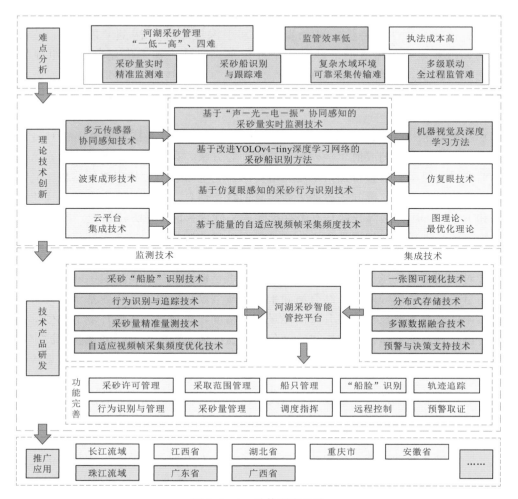

图 1.6-1 总体研究思路

第 2 章

采砂船只与采砂行为智能识别技术

人工智能作为计算机科学的分支，是一种能以与人类相似的方式做出反应的智能设备或系统，其中，图像识别技术是人工智能领域中的一项重要技术，可广泛应用于社会的多个领域，包括医疗、金融、社会治理、农业及工业等。随着信息技术和科学技术的发展，图像识别技术正日益完善和改进，必然会成为科技研究的重点，并得到更广阔的应用。将人工智能领域内的图像识别技术运用到水利行业中，以解决执法与监管人力紧缺、技术手段不足等现实难题，是水利事业实现新发展的必然趋势。

为了解决采砂监管中的现实难题，必须引入以人工智能为代表的"智能＋"技术，利用集成了前端智能感知设备与后台优化算法的现代化监测监控系统，对采砂敏感水域进行采砂船只及采砂行为的识别，有效防范非法采砂，警告和打击无序采砂行为。

在采砂监管业务中，以人工智能技术为基础的采砂船只图像智能识别的过程为：①通过前端监控，采集获取信息数据，建立数据库；②预处理信息数据，进行去噪、平滑及变换等图像处理操作，突显出图像中的重要信息及特征；③提取不同图形中的特殊特征并进行选择存储，使计算机建立该特征数据库，具有可记忆性；④制定识别规则约束，基于此规律进行识别以突显类似特征种类，通过对特殊特征的辨析，实现确认图像中的识别目标。

（1）采砂船监控部署策略与船只识别技术。针对河湖采砂监管实际需求，结合采砂重点水域岸线实际分布情况，构建水域岸线监控节点部署方法和策略，根据集约化建设思想和资源充分利用原则，建立监控节点最小布设数量的最大监控覆盖策略。在每个监控节点上，建立适应日夜、雨雾环境下采砂船只目标捕获技术，该技术首先在图像中自定义画出检测的 ROI 区域，确定水天分界线，为采砂船快速识别提供基础，在此基础上，研发基于机器视觉及深度学习方法的船只识别和"船脸"识别技术，实现复杂环境下采砂船的精准识别。

（2）采砂行为智能识别及追踪技术。针对采砂行为实时全程监管的要求，通过研究仿复眼成像原理及采砂行为图像特征，发明了仿复眼采砂成像信息采集技术，提出了基于仿复眼感知与深度学习的采砂行为识别与跟踪技术，通过现场识别验证分析，反复调整仿复眼成像装置和深度学习模型，实现了采砂行为精准识别。结合采砂船目标检测、船只识别技术、采砂船位置信息等，实现了对采砂船的可靠全过程轨迹追踪，为采砂船及行为的精确识别、自动跟踪、自动取证和自动预警等提供重要的技术支撑。

2.1 基于机器视觉方法的采砂船只识别技术

2.1.1 采砂船目标获取技术

与传统监控技术相比,智能监控技术优势非常明显:不需要一直紧盯屏幕,值班人员只需要在系统告警时进行确认即可,避免了值班人员因长时间观看屏幕造成疲劳而降低注意力,提高了实际监控的效果,真正做到 7×24h 全天候监控;可以识别出人眼无法分辨的细微变化,例如在遥远距离、光线不足、低对比度、环境伪装等情况下的入侵行为和威胁;可以对摄像机异常状态进行检测,如视频线断开、摄像机被破坏及摄像机被移动等;具有事件后检索功能,能够对系统内任意一路视频进行快速事件检索,及时定位异常事件发生的时间点。智能化图像识别处理技术,对各种安全事件主动预警,如区域入侵、区域徘徊、滞留、场景变化、人员聚集、人脸识别、船只识别检测等进行自动分析判断报警,产生报警信号并进行相关联动。

为有效打击防范夜间河湖盗采偷砂违法行为,需要前端监控硬件设备的支持,如视频监控设备等。在重点水域布设红外热成像双光谱摄像机进行监控,可为监控人员提供更加全面的监控信息展示,实现全天候的涉河违法行为视频监控。摄像机采用高倍变焦的镜头,光学变焦有效距离能看清几千米外的场景,配合远红外热成像系统,可进行区域大面积夜视探测监控,辅助激光补光系统,可清晰地观测到目标船只的信息,实现夜间取证监控,整个摄像机系统实现了 24h 动态监控,将前端视频图像传输到监控中心,满足执法监管人员夜间监控的需求。夜间与可见光下的违法行为监控抓拍图像示例如图 2.1-1 所示。

（a）夜间违法行为抓拍图像	（b）可见光下的违法行为图像及判别

图 2.1-1　违法行为监控抓拍图像

对河湖水域及航道进行监控,主要是指对航道中的船舶进行监控。因此需要获取监控目标(主要是目标船舶),通过对监控目标的跟踪实现对航道的监控。目前,通常使用的是船用雷达或管道闭路电视检测 (Close Circuit Television Inspection,CCTI) 系统获取航道监控目标。但是,船用雷达、CCTI 系统都易受天气影响:普通的船用雷达在受到恶劣天气的影响时,产生的图像模糊,导致获取的监控目标不准确;CCTI 系统在能见度低的情况下 (如大雾天、阴雨天以及夜晚),无法看清水雨中的船舶,获取航道监控目标也不准确。因此,需要提供一种航道监控目标获取方法及装置,以准确地获取航道监控目标。

为达到上述目的，提出了一种针对水域航道的监控目标获取方法，该方法技术路线为：获得红外热成像视频的第一视频帧；确定第一视频帧中的目标区域；生成目标区域对应的高斯金字塔；提取高斯金字塔的特征值，对特征值进行局部视觉反差计算，根据计算结果从目标区域中确定第一监控目标。

（1）前端装置布设策略。在充分考虑河湖采砂规划和重点水域岸线分布的基础上，根据集约化建设思想和资源充分利用原则，按照以下策略进行布设：

1）将各可采区、禁采区、资源丰富区、集中停靠点、交界水域、重点涉河涉水工程、水利生态保护区、岸线等重点水域岸线的核心关注区围起来形成前端监控数据融合感知圈，确保其100%有效覆盖，达到特别重点区域目标能智能发现、分析、研判并获取清晰影像，重点水域岸线目标能获取清晰影像的效果。

2）依据河道和重点岸线走向，通过布设前端监控摄像机，将多个数据融合感知圈串连成线，构建互联互通的数据融合感知系统。

3）整合利用现有资源，充分发挥现有资源在河道执法中的辅助作用，特别是在各有关单位涉河涉水项目的数据共享上深度挖掘，形成对数据融合感知圈的有力补充，同时节省自建费用。

前端监控的布设范围主要应涵盖重点水域岸线，监控类型包括可采区、禁采区、其他重点水域岸线以及涉砂违法时间多发区域。

（2）监控有效区域。

1）船只情况：对长乘高为13m×4m左右的船只进行计算。

2）监控区域：监控有效范围为一个面积为400m×700m区域，在离岸边50m附近布设安装监控设备，对此区域进行监控，如图2.1-2所示。

3）设备情况：设备选择分辨率高于640×512、焦距为50m的双光谱球机或者云台，视场角为12.4°×9.9°，安装高度为20m。反正切值为86.4°，竖直视场角为12.4°，因此盲区距离为80m。水平视场角为9.9°。水平最近可以覆盖距离为14m，左右视角跨度最远可以覆盖131m。

4）布设方案：针对以上计算出来的数据，提供以下布设方案。基于预置点来进行判断，通过设置球机巡航模式以及预置点停留位置来进行船只停留检测，每台设置3～5个预置点进行全覆盖，具体安装位置可以沿岸平均分布。以上为基于理论值来进行计算得出，具体情况可以根据现场实际环境进行调整。

（3）监控目标区域确定。确定第一视频

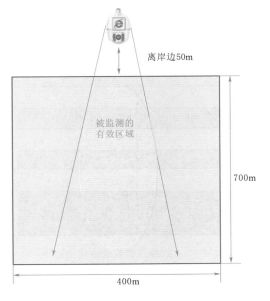

图2.1-2　摄像机有效监测区域示意图

帧中目标区域的流程是：判断第一视频帧中是否存在水天分界线；如果是，根据水天分界线，确定第一视频帧中的水域区域，将水域区域确定为目标区域；如果否，将第一视频帧中的全部区域确定为目标区域。

判断第一视频帧中是否存在水天分界线的方法是：计算第一视频帧中每行像素点灰度值的标准差；统计相邻行像素点灰度值的标准差之间的梯度值，并确定最大的梯度值；判断最大的梯度值是否大于预设阈值；如果否，则判定第一视频帧中不存在水天分界线；如果是，则判定第一视频帧中存在水天分界线，并根据最大的梯度值对应的像素点相邻行，确定水天分界线。根据水天分界线，确定第一视频帧中的水域区域，主要计算过程如下：分别计算水天分界线隔开的两个区域中像素点灰度值的平均值；将平均值小的区域确定为第一视频帧中的水域区域。在确定第一视频帧中的目标区域之前，还可以对第一视频帧进行去噪声处理和（或）增强处理。根据计算结果从目标区域中确定第一监控目标之后，可以获取预设数量的视频帧中的监控目标，其中，预设数量的视频帧为采集时刻位于第一视频帧的采集时刻之前的红外热成像视频中的视频帧；根据第一监控目标及所获取的监控目标，确定第一监控目标的行驶方向，计算第一视频帧中每行像素点灰度值的标准差；统计相邻行像素点灰度值的标准差之间的梯度值，并确定最大的梯度值；判断最大的梯度值是否大于预设阈值；如果否，则判定第一视频帧中不存在水天分界线；如果是，则判定第一视频帧中存在水天分界线，并根据最大的梯度值对应的像素点相邻行确定水天分界线。

（4）流量统计方法。根据水天分界线，确定第一视频帧中的水域区域，包括：分别计算水天分界线隔开的两个区域中像素点灰度值的平均值；将平均值小的区域确定为第一视频帧中的水域区域。在确定第一视频帧中的目标区域之前，还可以对第一视频帧进行去噪声处理或增强处理。在根据计算结果从目标区域中确定第一监控目标之后，还可以获取预设数量的视频帧中的监控目标，其中，预设数量的视频帧为位于第一视频帧的采集时刻之前的红外热成像视频中的视频帧；根据第一监控目标及所获取的监控目标，确定第一监控目标的行驶方向；根据所确定的行驶方向，对红外热成像视频对应的航道进行流量统计。

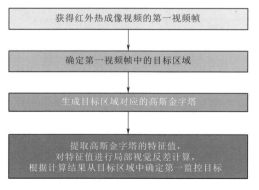

图 2.1-3　监控目标获取方法流程图

（5）监控目标获取装置。研制航道监控目标获取装置，包括：获得模块，用于获得红外热成像视频的第一视频帧；确定模块，用于确定第一视频帧中的目标区域；生成模块，生成目标区域对应的高斯金字塔；提取确定模块，用于提取高斯金字塔的特征值，对特征值进行局部视觉反差计算，根据计算结果从目标区域中确定第一监控目标。

监控目标获取方法流程如图 2.1-3 所示。

确定模块，可以包括判断子模块，用于判断第一视频帧中是否存在水天分界线，如果是，触发第一确定子模块；如果否，触发第二确定子模块；第一确定子模块用于根据水天分界线，确定第一视频帧中的水域区域，将水域区域确定为目标区域；第二确定子模块用于将第一视频帧中的全部区域确定为目标区域。判断子模块，可以包括：计算单元，用于计算第一视频帧中每行像素点灰度值的标准差；统计确定单元，用于统计相邻行像素点灰度值的标准差之间的梯度值，并确定最大的梯度值；判断单元，用于判断最大的梯度值是否大于预设阈值；如果否，则判定第一视频帧中不存在水天分界线；如果是，则判定第一视频帧中存在水天分界线并根据最大的梯度值对应的像素点相邻行确定水天分界线。第一确定子模块具体可以用于：分别计算水天分界线隔开的两个区域中像素点灰度值的平均值，将平均值小的区域确定为第一视频帧中的水域区域。装置还可以包括：处理模块，用于对第一视频帧进行去噪声处理或增强处理。

航道监控目标获取装置还可以包括：获取模块，用于获取预设数量个视频帧中的监控目标，其中，预设数量的视频帧为：采集时刻位于第一视频帧的采集时刻之前的红外热成像视频中的视频帧；第二确定模块用于根据第一监控目标及所获取的监控目标，确定第一监控目标的行驶方向；统计模块用于根据所确定的行驶方向，对红外热成像视频对应的航道进行流量统计。第二获得模块用于获得可见光视频的第二视频帧，其中，第二视频帧与第一视频帧为相同时刻针对相同区域进行视频采集得到的视频帧；第三确定模块用于确定第二视频帧中与第一监控目标对应的第二监控目标监控模块，用于对第二监控目标进行监控。

（6）电子设备。为达到上述目的，设计了一种电子设备，其结构如图2.1-4所示。该设备包括壳体、处理器、存储器、电路板和电源电路，其中，电路板安置在壳体围成的空间内部，处理器和存储器设置在电路板上；电源电路用于为电子设备的各个电路或器件供电；存储器用于存储可执行程序代码；处理器通过读取存储器中存储的可执行程序代码来运行与可执行程序代码对应的程序，用于执行上述航道监控目标获取方法。

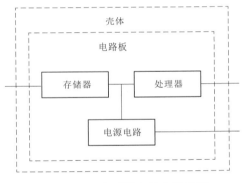

图2.1-4 电子设备结构示意图

由上述方法可见，该技术的关键是获得红外热成像视频的第一视频帧，在第一视频帧中得到第一监控目标。该方法是通过红外热成像视频获取监控目标，红外热成像视频采集设备相比于船用雷达及CCTI系统，不易受天气影响，即使在恶劣天气、能见度低的情况下（如大雾天、阴雨天以及夜晚），红外热成像依旧清晰，因此，应用该方法能够准确地获取水域航道监控目标。

2.1.2 采砂船只识别技术

船只识别检测功能主要是检测识别视频中行驶的船只类型，在监控可视化窗口中以矩形框的形式标记出船只的位置；当场景中有多个船只时，可同时对多个船只进行检测识别；支持用户在图像中自定义画出检测的ROI区域（默认状态下，整个图像为检测区域）。采砂船监控部署策略与"船脸"识别技术流程如图2.1-5所示。

船只检测识别功能其常用算法主要有基于K-means的前景目标检测算法；基于背景建模的前景目标检测算法；基于深度学习目标检测算法；对这三种算法的复杂度与效果进

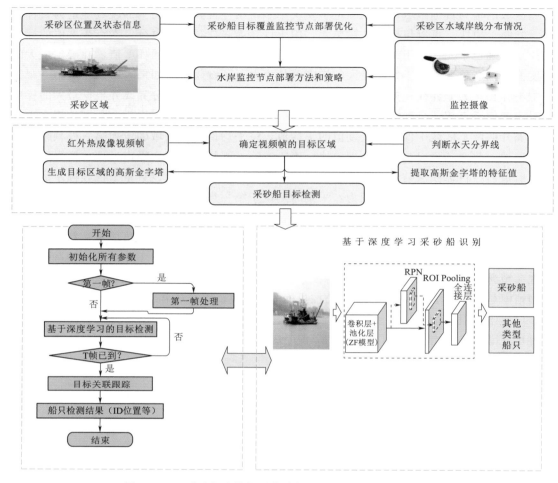

图 2.1-5　采砂船监控部署策略与"船脸"识别技术流程图

行比较分析：

（1）常规目标检测算法研究是基于传统背景建模方式，在红外热成像船只检测应用中存在明显不足，具体如下：

1）水面波动较大，且远处和近处的波动幅度不同，背景建模的学习速率和背景更新速率难以选取。

2）船只运动较慢，在背景更新过程中容易被更新为背景，导致检测出来的船只被分成前后两部分，难以区分是一艘船还是两艘船。

3）船尾的浪花被容易被检测为目标。

4）环境适应性差，相机的晃动会导致背景变化，严重影响检测结果。

（2）基于深度学习的目标检测算法具有如下优势：

1）数据驱动：无需显式的经验或知识；对目标典型特征进行学习。

2）端到端学习：直接学习从数据到输出的映射关系，与此同时进行优化。

3）关注点：基于大数据构建出深层次模型，拟合精确度高。

（3）根据以上的对比，可以得出以下结论：

算法复杂度：K－means＜背景建模＜深度学习；

算法效果：K－means＜背景建模≤深度学习；

（4）基于深度学习的船只目标检测流程如图2.1－6所示。

2.1.3 YOLOv4－tiny 整体结构

YOLOv4－tiny 是目标检测识别算法 YOLOv4 精简版本，相比之下其结构更加轻量化，并显著提高了模型的推理速度。YOLOv4 共有约 6000 万参数，YOLOv4－tiny 则只有 600 万参数。

YOLOv4－tiny 仅使用了两个特征层进行分类与回归预测。YOLOv4－tiny 整体结构如图2.1－7所示。

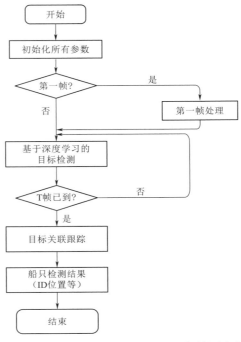

图 2.1－6　基于深度学习的船只目标检测流程

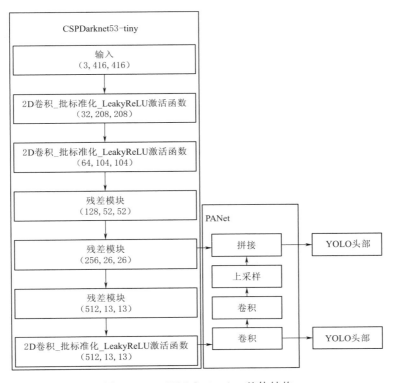

图 2.1－7　YOLOv4－tiny 整体结构

目前，面向目标识别的深度学习算法一般按照图 2.1－8 所示的系统流程进行训练和算法验证。

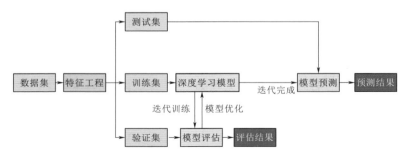

图 2.1－8　面向目标识别的深度学习算法系统流程

2.1.4　提出改进 YOLOv4－tiny 网络结构

改进 YOLOv4－tiny 网络结构如图 2.1－9 所示。

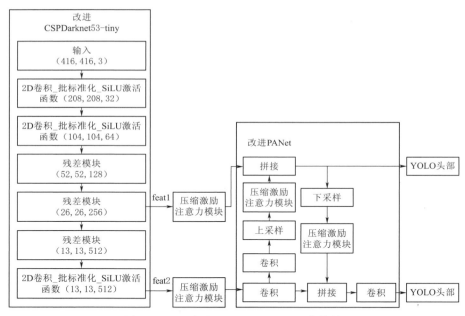

图 2.1－9　改进 YOLOv4－tiny 网络结构

2.1.4.1　改进 YOLOv4－tiny 主干网络结构

改进 YOLOv4－tiny 主干网络结构如图 2.1－10 所示。

在 YOLOv4－tiny 中使用了 CSPDarknet53－tiny 作为主干特征提取网络。此外，为了加快模型训练的收敛速度，在 YOLOv4－tiny 中将激活函数重新修改为 LeakyReLU 激活函数。

CSPDarknet53－tiny 具有两个特点：

（1）使用 CSPnet 网络结构，CSPnet 结构并不算复杂，它将原始堆叠的残差块进行拆分，拆成左右两部分：主干部分继续采用原始残差块的堆叠；分支部分则类似一个残差边一样，经过少量处理后直接进行输出。因此 CSP 中存在一个大的残差边，CSP 网络结构如图 2.1－11 所示。

图 2.1－10　改进 YOLOv4－tiny
主干网络结构

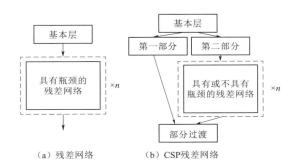

（a）残差网络　　（b）CSP 残差网络

图 2.1－11　CSP 网络结构

（2）进行通道的分割。在 CSPnet 的主干部分，CSPDarknet53－tiny 会对一次卷积核大小为 3×3 的卷积后的特征层进行通道的划分，将其分成两部分，取第二部分。

利用主干特征提取网络，可以获得两个形状的有效特征层，即 CSPDarknet53－tiny 最后两个形状的有效特征层，并将有效特征层传入加强特征提取网络中进行 FPN 的构建。

本书提供一种基于改进 YOLOv4－tiny 的河道船只识别模型，该检测模型在 YOLOv4－tiny 基础上将主干特征提取网络中的 LeakyReLU 激活函数更改为性能更好的、更易于让训练收敛的 SiLU 激活函数，形成卷积＋标准化＋激活函数的 CBS 模块。CBS 模块具体是由一层 2D 卷积层、一层 2D 批标准化层和一个 SiLU 激活函数层构成。其中，2D 卷积层包括两种构建方式：一种为卷积核为 3×3、步长为 1、填充为 1 的卷积层，其作用是提取特征；另一种为卷积核为 1×1、步长为 1、填充为 0 的卷积层，其作用是调整通道数。

待识别船只数据作为主干特征提取网络输入，该主干特征提取网络的输出包括两部分不同尺度的特征图：第一部分输出 feat1 为第二个 Resblock＿Body 的输出，其大小为（26，26，256），第二部分输出 feat2 为第三个 Darknetconv2d＿Bn＿SiLU 的输出，其大小为（13，13，512）。接着，改进目标检测网络的特征融合部分。

2.1.4.2　SE（压缩激励）注意力机制

当使用卷积神经网络去处理图片时，通常希望网络能够自适应地关注到图像中的关键目标部分，即待识别的物体，而不是将注意力平均分配到图像的每一个部分。因此，如何让卷积神经网络去自适应地注意待识别物体变得极为重要。注意力机制就是实现网络自适应注意的一种方式。一般而言，注意力机制可以分为通道注意力机制、空间注意力机制以及二者相结合的注意力机制。

SENet 是通道注意力机制的典型实现，于 2017 年提出，其实现示意图如图 2.1-12 所示。对于 SENet 而言，其重点是获得输入进来的特征层每一个通道的权值。通过 SENet 注意力机制，增强模型对特定特征通道的关注度。其具体实现方式如下：

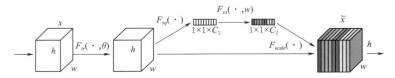

图 2.1-12　SENet 通道注意力机制实现示意图

（1）对输入进来的特征层进行全局平均池化。

（2）进行两次全连接，先降维，再升维，目的是降低模型复杂度并提高模型的泛化能力。

（3）在完成两次全连接后，通过 Sigmoid 激活函数将输入值压缩到 0~1 的范围内，此时获得了输入特征层每一个通道的权值（0~1）。

（4）将上一步骤得到的权值与原输入特征层做广播机制的点乘运算，得到最终输出。

2.1.4.3　改进 YOLOv4-tiny 特征金字塔结构

改进 YOLOv4-tiny 特征金字塔结构如图 2.1-13 所示。

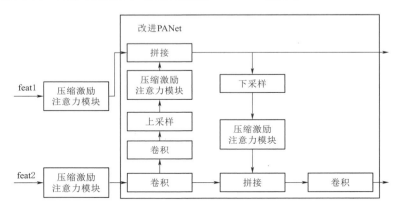

图 2.1-13　改进 YOLOv4-tiny 特征金字塔结构

YOLOv4-tiny 中使用了 FPN 的结构，主要是对第一步获得的两个有效特征层进行特征融合。FPN 的主要思路是：首先将 feat2 输出的有效特征层经过两个卷积模板后进行上采样，接着与 feat1 输出的有效特征层进行堆叠和卷积运算。

在加强特征融合网络的 FPN（Feature Pyramid Networks）结构后面加入 PANet（Path Aggregation Network）模块，形成新的特征融合网络，以更好地融合主干特征网络提取的特征。加强特征融合网络的输出两部分不同尺度的特征图；通过对第二部分输出的特征图 feat2 进行两次卷积和一次上采样以及一次注意力模块的处理后与第一部分输出的特征图 feat1 进行拼接操作变成大小为（26，26，384）特征图，实现特征融合；融合后的特征图经过一次下采样和一次注意力模块操作变成大小为（13，13，256）的特征图；此特征图再与 feat2 经过卷积后得到的特征图进行拼接得到大小为（13，13，512）的特征图；此特征图再经过第三卷积操作，与第一部分输出的特征图分别送入两个分支的 YOLO 头部加注意力模块，然后对船只目标的分类、位置和置信度进行预测。

其中，下采样层是一层卷积核大小为 3×3、步长为 2、填充为 1 的卷积层，所述的第三卷积操作是一层卷积核大小为 1×1、步长为 1、填充为 0 的卷积层。

2.1.4.4　盒、类预测网络 YOLO 头部

盒、类预测网络 YOLO 头部如图 2.1-14 所示。

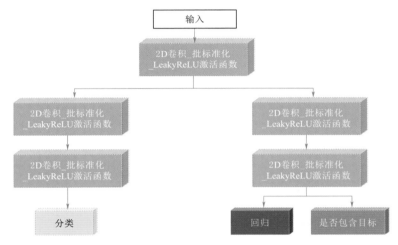

图 2.1-14　盒、类预测网络 YOLO 头部

1）在特征利用部分，YOLOv4-tiny 提取多特征层进行目标检测，一共提取两个特征层，两个特征层的形状分别为（26，26，256）、（13，13，512）。

2）输出层的形状分别为（13，13，36）、（26，26，36），最后一个维度为 36 是因为该图是基于河面船舶数据集，其类为 7 种，YOLOv4-tiny 只有针对每一个特征层存在 3 个先验框，所以最后维度为 3×12。

2.1.5　预测结果的解码

2.1.5.1　获得预测框与得分

通过上一步，获得了每个特征层的三个预测结果。在对预测结果进行解码之前，预测结果可分为三个部分，以（13，13，512）对应的三个预测结果为例：

（1）回归预测结果。此时卷积的通道数为 4，最终结果为（13，13，4）。其中的 4 可分为两个 2，第一个 2 是预测框的中心点相较于该特征点的偏移情况，第二个 2 是预测框的宽高相较于对数指数的参数。

（2）目标预测结果。此时卷积的通道数为 1，最终结果为（13，13，1），代表每一个特征点预测框内部包含物体的概率。

（3）分类预测结果。此时卷积的通道数为分类数，最终结果为（13，13，分类数），代表每一个特征点对应某类物体的概率，最后一维度分类数中的预测值代表属于每一个类的概率。

该特征层相当于将图像划分成 13×13 个特征点，如果某个特征点落在物体的对应框内，就用于预测该物体。

如图 2.1－15 所示，蓝色的点为 13×13 的特征点，此时对右图红色的三个点进行解码操作：①进行中心预测点的计算，利用回归预测结果前两个序号的内容对特征点坐标进行偏移，左图黑色的三个特征点偏移后是右图红色的三个点；②进行预测框宽高的计算，利用回归预测结果后两个序号的内容求指数后获得预测框的宽高；③此时获得的预测框绘制在图片上。

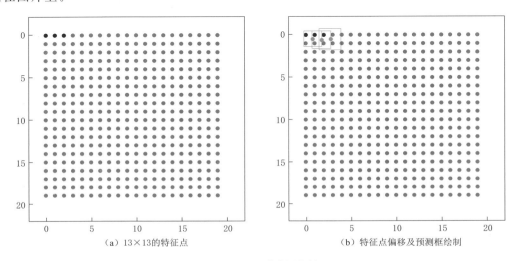

（a）13×13的特征点　　　　　（b）特征点偏移及预测框绘制

图 2.1－15　获得预测框

除去解码操作，还需非极大抑制的操作，防止同一种类的框堆积。

2.1.5.2　得分筛选与非极大抑制

在得到最终的预测结果后，还要进行得分筛选与非极大值抑制。得分筛选就是筛选出得分满足置信度的预测框；非极大值抑制就是筛选出一定区域内属于同一种类得分最大的框。

得分筛选与非极大值抑制的过程概括如下：

（1）找出该图片中得分大于门限函数的框。在进行重合框筛选前就进行得分的筛选可以大幅度减少框的数量。

（2）对种类进行循环。非极大抑制的作用是筛选出一定区域内属于同一种类得分最大的框，对种类进行循环可以协助对每一个类分别进行非极大抑制。

（3）根据得分对该种类进行从大到小排序。

（4）每次取出得分最大的框，计算其与其他所有预测框的重合程度，重合程度过大的则剔除。

得分筛选与非极大抑制后的结果可以用于绘制预测框。

2.1.6 训练流程设计

2.1.6.1 数据增强

数据增强的作用是阻止神经网络学习不相关的特征，从根本上提升整体性能。数据增强分为有监督的数据增强和无监督的数据增强方法。有监督的数据增强又可以分为单样本数据增强和多样本数据增强方法；无监督的数据增强分为生成新的数据和学习增强策略两个方向。

1. 有监督的数据增强

有监督的数据增强采用预设的数据变换规则，在已有数据的基础上进行数据的扩增。单样本数据增强样本的时候，全部围绕着该样本本身进行操作，包括几何变换类、颜色变换类等。

（1）几何变换类。对图像进行几何变换，包括水平翻转和垂直翻转、随机旋转、随机裁剪、变形、缩放和 Mosaic 数据增强等各类操作。

翻转操作和旋转操作，对于那些对方向不敏感的任务（如图像分类），都是很常见的操作。翻转和旋转不改变图像的大小，而裁剪会改变图像的大小。通常在训练的时候会采用随机裁剪的方法，在测试的时候选择裁剪中间部分或者不裁剪。以上操作都不会产生失真，而缩放变形则是失真的。很多时候，网络的训练输入大小是固定的，但是数据集中的图像却大小不一，此时就可以选择裁剪成固定大小输入或者缩放到网络的输入大小的方案，后者会产生失真，通常效果比前者差。几何变换类操作没有改变图像本身的内容，是选择了图像的一部分或者对像素进行了重分布。

（2）颜色变换类。如果要改变图像本身的内容，就属于颜色变换类的数据增强，常见的包括噪声、模糊、颜色变换、擦除、填充等。基于噪声的数据增强是在原来的图片的基础上，随机叠加一些噪声，最常见的做法就是高斯噪声。更复杂一点的就是在面积大小可选定、位置随机的矩形区域上丢弃像素产生黑色矩形块，从而产生一些彩色噪声，以 Coarse Dropout 方法为代表，甚至还可以在图片上随机选取一块区域并擦除图像信息。

颜色扰动：在某一个颜色空间通过增加或减少某些颜色分量，或者更改颜色通道的顺序。

（3）多样本数据增强是利用多个样本来产生新的样本。

1）SMOTE（Synthetic Minority Over - sampling Technique）是通过人工合成新样本来处理样本不平衡问题，从而提升分类器性能。它是基于插值的方法，可以为小样本类合成新的样本。具体实施步骤如下：

a. 定义好特征空间，将每个样本对应到特征空间中的某一点，根据样本不平衡比例确定好一个采样倍率 N；

b. 对每一个小样本类样本 (x, y)，按欧氏距离找出 K 个最近邻样本，从中随机选取一个样本点，假设选择的近邻点为 (x_n, y_n)。在特征空间中样本点与最近邻样本点的连线段上随机选取一点作为新样本点，满足以下公式：

$$(x_{new}, y_{new}) = (x, y) + rand(0, 1) \cdot [(x_n - x), (y_n - y)]$$

c. 重复以上步骤，直到大、小样本数量平衡。

2）SamplePairing 的原理为：从训练集中随机抽取两张图片，分别经过基础数据增强操作（如随机翻转等）处理后经像素以取平均值的形式叠加合成一个新的样本，标签为原样本标签中的一种。这两张图片甚至不限制为同一类别，这种方法对于医学图像比较有效，如图 2.1 - 16 所示。

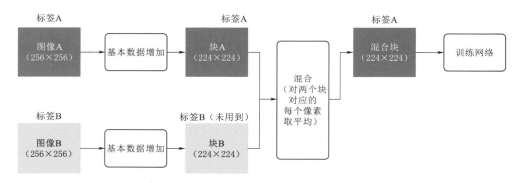

图 2.1 - 16　SamplePairing 原理

经 SamplePairing 处理后可使训练集的规模从 N 扩增到 $N \times N$。其优点为思路简单，性能上提升效果可观，符合奥卡姆剃刀原理，在验证集上误差则有较大幅度降低；其缺点为可解释性不强。

3）Mixup 是基于邻域风险最小化原则的数据增强方法，使用线性插值得到新样本数据。令 $(x_n，y_n)$ 为插值生成的新数据，$(x_i，y_i)$ 和 $(x_j，y_j)$ 为训练集随机选取的两个数据，数据生成方式如下：

$$(x_n，y_n) = \lambda (x_i，y_i) + (1 - \lambda)(x_j，y_j) \tag{2.1-1}$$

式中：λ 的取值范围为 0～1。

Mixup 可以改进深度学习模型在 ImageNet 数据集、CIFAR 数据集、语音数据集和表格数据集中的泛化误差，降低模型对已损坏标签的记忆，增强模型对对抗样本的鲁棒性和训练生成对抗网络的稳定性。

SMOTE、SamplePairing、Mixup 三者思路上有相同之处，都是试图将离散样本点连续化来拟合真实样本分布，不过所增加的样本点在特征空间中仍位于已知小样本点所围成的区域内。

2. 无监督的数据增强

无监督的数据增强方法包括两类：通过模型学习数据的分布，随机生成与训练数据集分布一致的图片，代表方法 GAN；通过模型学习出适合当前任务的数据增强方法，代表方法 AutoAugment。

（1）GAN（generative adversarial networks）包含两个网络：生成网络和对抗网络。G 是一个生成图片的网络，它接收随机的噪声 z，通过噪声生成图片，记做 $G(z)$。D 是一个判别网络，判别一张图片是不是"真实的"，即是真实的图片还是由 G 生成的图片。

（2）Autoaugmentation 是自动选择最优数据增强方案的研究，学习已有数据增强的组合策略。其基本思路为使用增强学习从数据本身寻找最佳图像变换策略，对于不同的任务学习不同的增强方法。其实施步骤如下：

1）准备 16 个常用的数据增强操作。

2）从 16 个中选择 5 个操作，随机产生使用该操作的概率和相应的幅度，将其称为一个 sub - policy，一共产生 5 个 sub - polices。

3）对训练过程中每一个批次的图片，随机采用 5 个 sub - polices 操作中的一种。

4）通过模型在验证集上的泛化能力来反馈，使用的优化方法是增强学习方法。

5）经过 80～100 个 epoch 后，网络开始学习到有效的 sub - policies。

6）之后串接这 5 个 sub - policies，然后再进行最后的训练。

数据增强的本质是为了增强模型的泛化能力，没有降低网络的容量，也不增加计算复杂度和调参工程量，是隐式的规整化方法，在实际应用中更有意义。

本书采用 Mosaic 数据增强进行船只数据集的预处理。

Mosaic 数据增强参考了 CutMix 数据增强方式，理论上具有一定的相似性。CutMix 数据增强方式是利用两张图片进行拼接（见图 2.1 - 17）。

图 2.1 - 17　Mosaic 数据增强
［注：CutMix（图片 1 占比为 0.4，图片 2 占比为 0.6）。］

但是 Mosaic 利用了四张图片，其最大的优点是丰富检测物体的背景，且在 BN 计算时能同时计算四张图片的数据，如图 2.1 - 18 所示。

图 2.1 - 18　采砂船 Mosaic 数据增强

实现步骤如下：①每次读取四张图片；②分别对四张图片进行翻转、缩放、色域变化等，并且按照四个方向位置摆好；③进行图片的组合和框的组合。如图 2.1 - 19 和图 2.1 - 20 所示。

2.1.6.2 Label Smoothing 平滑

当 label_smoothing 的值为 0.01 的时候，标签平滑的具体公式如下：

$$y = y \cdot (1-0.01) + \frac{0.01}{num_{classes}} \tag{2.1-2}$$

图 2.1 - 19 读取四张图片

图 2.1 - 20 进行图片的组合和框的组合

Label Smoothing 技术主要是将 one-hot 编码标签转换为 soft 标签，引入噪声，使学习更平滑，减少过拟合。原始的标签是 0、1，在平滑后变成 0.005（如果是二分类）、0.995，也就是说对分类准确做了一点惩罚，让模型不可以分类得太准确，太准确容易过拟合。

2.1.6.3　CIOU

IOU 是比值的概念，对目标物体的 Scale 是不敏感的。然而常用的 bbox 的回归损失优化和 IOU 优化不是完全等价的，寻常的 IOU 无法直接优化没有重叠的部分。于是提出直接使用 IOU 作为回归优化 loss。

CIOU 将目标与 Anchor 之间的距离，重叠率、尺度以及惩罚项都考虑进去，使得目标框回归变得更加稳定，不会像 IOU 和 GIOU 一样出现训练过程中发散等问题。而惩罚因子则把预测框长宽比拟合目标框的长宽比考虑进去。

CIOU 公式如下：

$$CIOU = IOU - \frac{\rho^2(b, b^{gt})}{c^2} - \alpha v \tag{2.1-3}$$

式中：$\rho^2(b, b^{gt})$ 为预测框和真实框中心点的欧式距离；c 为预测框和真实框最小闭包区域的对角线距离。

α 和 v 的公式如下：

$$\alpha = \frac{v}{1 - IOU + v} \tag{2.1-4}$$

$$v = \frac{4}{\pi^2} \left(\arctan \frac{w^{gt}}{h^{gt}} - \arctan \frac{w}{h} \right)^2 \tag{2.1-5}$$

最终将 $1-CIOU$ 的值作为 CIOU 损失函数，公式如下：

$$LOSS_{CIOU} = 1 - IOU + \frac{\rho^2(b, b^{gt})}{c^2} + \alpha v \tag{2.1-6}$$

学习率余弦退火衰减：利用余弦函数性质来降低学习率，即上升的时候使用线性上升，下降的时候模拟余弦函数下降。执行多次后的效果如图 2.1-22 所示。

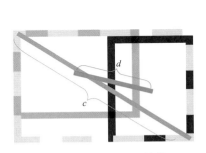

图 2.1-21　CIOU 计算

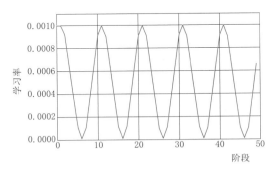

图 2.1-22　学习率余弦退火衰减

余弦退火衰减有几个比较重要的参数：

1）学习率最高值。

2）最开始的学习率。

3）多少步长后到达顶峰值。

2.1.6.4　损失函数组成

（1）计算损失函数所需参数。计算损失函数实际上是网络的预测结果和网络的真实结果的对比。与网络的预测结果一样，网络的损失也由三个部分组成，分别是回归部分、目标部分、分类部分。回归部分是特征点的回归参数判断，目标部分是特征点是否包含物体判断，分类部分是特征点包含的物体的种类。

（2）计算损失函数。YOLOv4-tiny 的损失由三个部分组成：

1）回归部分，根据预测结果的解码可知每个真实框对应的先验框信息，获取到每个框对应的先验框后，取出该先验框对应的预测框，利用真实框和预测框计算 IOU 损失，作为回归部分的损失组成。

2）目标部分，根据预测结果的解码可知每个真实框对应的先验框信息，所有真实框对应的先验框都是正样本，剩余的先验框均为负样本，根据正负样本和先验框是否包含物体的预测结果计算交叉熵损失，作为目标部分的损失组成。

3）分类部分，根据预测结果的解码可知每个真实框对应的先验框信息，获取到每个框对应的先验框后，取出该先验框的种类预测结果，根据真实框的种类和先验框的种类预测结果计算交叉熵损失，作为分类部分的损失组成。

2.1.6.5　训练 YOLOv4-tiny 船只识别模型

（1）数据集的准备。本书使用 VOC 格式数据集进行训练，通过收集部署在河湖岸边摄像头拍摄的不同类别过往船只图片，包括采砂船、运砂船、客船、普通货船、渔船、集装箱船、散装货船七种不同分类的船只，通过人工方式对船只数据集进行整理，从中筛选出所需船舶目标且目标清晰、目标大小适中以及目标较为完整的图片，图片分为 1920×1080 和 1440×900 两种分辨率大小，对选取的图片进行编号，利用数据标记工具 LabelImg 对船只图片进行标记生成格式为 XML 的标记文件，此 XML 文件包含了数据集名称、图片的名称、存储路径、来源、尺寸、宽度和高度、色彩通道数还有所标注物体的类别、拍摄角度、是否被裁剪、是否容易被识别、物体的 bbox 等关键信息，如图 2.1-23 所示。

利用数据翻转、图像缩放和添加噪声等数据增广技术对船只图像进行预处理，以增加训练的船只数据量，提高 YOLOv4-tiny 模型的泛化能力；同时通过增加噪声数据方式，提升 YOLOv4-tiny 模型的鲁棒性。

（2）数据集的预处理。在完成数据集的摆放之后，需要对数据集进行下一步处理，用根目录下的 Voc_Annotation.py 文件生成包含图片名称索引的文件，同时根据有效数据集的数量按照 8：1：1 的比例划分训练集、验证集和测试集。这样做的好处是为了能够训练出效果最好的、泛化能力最佳的模型。训练集的作用是用来拟合模型，通过设置分类与回归器的参数，训练分类与回归模型，在后续结合验证集作用时，选出同一参数的不同取值，拟合出多个分类回归器。验证集的作用是找出效果最佳的模型，使用通过训练集训练出各个模型对验证集数据进行检测，并记录模型准确率，选出效果最佳的模型所对应的参数，用来调整模型参数。测试集的作用是对通过训练集和验证集得出的最优模型进行模型的预测，衡量该最优模型的性能和分类能力，即把测试集当作从来不存在的数据集，当已经确定模型参数后，使用测试集进行模型性能评价。

（3）开始网络训练。设置类别标签、模型预训练权重、训练的批次大小以及训练轮次

图 2.1 - 23　数据标记工具

等参数，在模型训练完成之后，会在相应的文件夹下生成对应的权值文件。

（4）训练结果预测。

（5）评价指标。

采用平均精度均值（mAP）和每秒推理帧数（FPS）作为算法检测精度和速度的指标。

在河面船舶检测任务中，平均精度均值（mAP）即为六类船舶检测平均精度（AP）的均值，其计算公式为

$$mAP = \frac{1}{N}\sum_{i=1}^{N}AP_i \tag{2.1-7}$$

式中：N 为船舶类别数；i 为某一类船舶；AP_i 为第 i 类船舶的检测平均精度。

AP_i 的计算公式为

$$AP_i = \int_0^1 P(R)\mathrm{d}R \tag{2.1-8}$$

式中：$P(R)$ 为检测精确率 P 和召回率 R 两者的映射关系。

检测精确率的计算公式为

$$P_i = \frac{TP}{TP+FP} \tag{2.1-9}$$

检测召回率的计算公式为

$$R_i = \frac{TP}{TP+FN} \tag{2.1-10}$$

式中：TP 为被正确划分到正样本的数量；FP 为被错误划分到正样本的数量；FN 为被错误划分到负样本的数量。

每秒推理帧数（FPS）指的是网络模型一秒时间内识别的图像帧数，用于衡量模型的推理速度，每秒推理帧数（FPS）越高表示模型推理越快。每秒推理帧数（FPS）主要取决于模型前向传播、阈值筛选和非极大值抑制几个操作的复杂度。

2.1.7　改进的 YOLOv4 - tiny 识别船只

2.1.7.1　识别步骤

为了实现利用改进的 YOLOv4 - tiny 识别河湖不同类别过往船只的目的，本书采用以下技术方案：一种基于改进 YOLOv4 - tiny 的面向边缘计算的河道采砂船及过往般只识别方法。该方法包含的模块有图像数据收集模块、图像预处理模块、先验框生成模块、特征提取模块、训练模型和船只目标识别模块，识别步骤如下：

S1：图像数据收集。收集部署在河湖岸边摄像头拍摄的过往的不同类别的船只图片，通过人工方式对船只数据集进行整理，从中筛选出画面清晰、易于分辨的符合要求的船只图片；对采集的河湖船只数据集进行船只类型标注，并按 8∶1∶1 的比例划分为训练集、验证集和测试集。

S2：图像预处理。利用数据增广技术增加训练的船只数据量和提高船只训练数据集的复杂度，提高 YOLOv4 - tiny 模型的泛化能力；同时通过增加噪声数据的方式，提升 YOLOv4 - tiny 模型的鲁棒性。

S3：先验框生成。利用 K - Means 聚类算法根据自制的船只目标检测数据集标签数据生成适用于特定船只数据集情形下的六个不同尺寸的先验框，分别分给输出不同特征层大小的两个 YOLOHead。用此方法生成的先验框进行训练网络和进行预测可以达到更高的精度，聚类效果优秀，并且原理简单、易于实现、收敛速度快。

S4：改进网络的搭建。搭建基于改进 YOLOv4 - tiny 的河道采砂船及过往船只检测模型，将 YOLOv4 - tiny 主干网络中的基本卷积层的 LeakyReLU 激活函数替换为 SiLU 激活函数，组成 CBS 卷积模块，形成新的主干特征提取网络；新的主干特征提取网络输出两种不同尺度的特征图；分别在 YOLOv4 - tiny 的主干网络的两个输出端 Fea1 和 Fea2 后以及加强特征融合网络的上采样层和下采样层后加入 SE 注意力机制模块，SE 注意力机制模块会关注通道之间的关系，模型可以自动学习到不同通道特征的重要程度；在 FPN 层后面加入自上而下的连接，形成 PANet 网络结构，有助于更好地提升对小目标的检测效果；两种不同尺度的特征图分别通过各自对应的 YOLOHead 卷积块处理后进入船只分类预测、船只置信度预测和船只位置信息的预测。

S5：利用训练集对所述基于改进 YOLOv4 - tiny 的模型进行训练，用验证集评估训练效果，进行反向传播更新参数进而使损失函数降低到最小值，获取最优检测模型。

S6：利用训练得到的最优检测模型对测试集中的船只图片数据进行检测；对测试集的检测结果进行检测精度和实时性评价，所述评价指标包括 mAP 和 FPS。

2.1.7.2　实验设置

实验平台计算机配置为 Intel Core i5 - 9500 中央处理器，主频为 2.90GHz，运行内存为 16GB，显卡为 Nvidia GeForce RTX3060，显存为 12GB，操作系统为 Windows 10，并行计算架构版本为 CUDA11.1，深度学习加速库版本为 cuDNN8.0.5，深度学习框架为 PyTorch1.7.1，采用 Python3.7 作为编程语言。使用 PASCAL VOC 数据集的预训练权重对改进的 CSPDarknet53 - tiny 骨干网络进行权重的初始化，以获得更好的初始性能。此外，训练前使用 Mosic 数据增强对数据集进行预处理。

模型的训练超参数设置具体包括：解冻前每批次训练样本数为 32，学习率为 0.001；解冻后每批次训练样本数为 16，学习率为 0.0001。采用自适应矩阵估计（Adam）优化器优化模型，使用 $\alpha=0.005$ 的标签平滑策略，同时使用余弦退火算法更新学习率。遍历 1 次全部训练验证集数据称为 1 个 Epoch，经过 200 个 Epoch 训练使代价函数最小，得到最优模型。

2.1.8　河面船舶识别效果

利用改进 YOLOv4 - tiny 算法进行河面船只识别模型训练获取数据权重，通过部署在识别平台进行水面船只的推理预测，并对七类船只的 AP、F1、精确度（P）和召回率（R）等指标进行分析。

关于模型数据测试，利用水面船只数据集 13000 张、涉及 7 个船只类别。通过网上、实地获取的数据照片进行模型推理，获得实际效果图。此外，展开实地测试效果，并对水面船只识别精度和效果进行分析。

本书主要采用 YOLOv4 - tiny 算法进行水面污染物类别的分析。

（1）各类别平均精度（AP）值：采砂船为 94.23%，运砂船为 99.76%，普通货船为 95.85%，散装货船为 96.49%，渔船为 93.36%，客船为 99.14%，集装箱船为 98.63%，如图 2.1 - 24 所示。

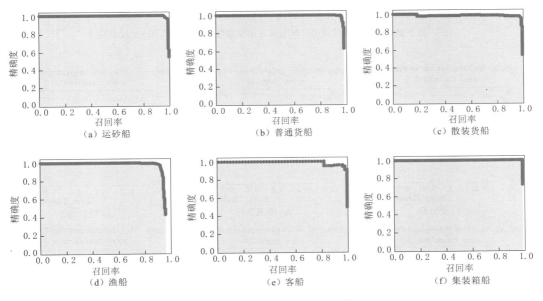

图 2.1 - 24　船只分类 AP 数值

（2）各类别精确度和召回率的加权调和平均（F1 数值）：采砂船为 0.93，运砂船为 0.98，普通货船为 0.97，散装货船为 0.97，渔船为 0.94，客船为 0.96，集装箱船为 0.97，如图 2.1 - 25 所示。

（3）各类别精确度值：采砂船为 90.18%，运砂船为 96.88%，普通货船为 98.66%，散装货船为 95.63%，渔船为 98.21%，客船为 96.00%，集装箱船为 94.74%，如图 2.1 - 26 所示。

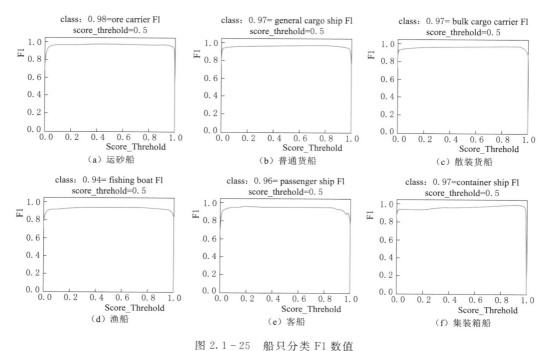

图 2.1-25　船只分类 F1 数值

（注：图中横坐标表示成绩阈值，纵坐标表示模型精确度和召回率的加权平均。）

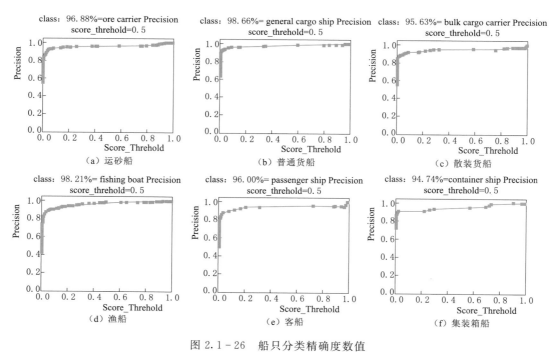

图 2.1-26　船只分类精确度数值

（注：图中横坐标表示成绩阈值，纵坐标表示精确度。）

（4）各类别召回率值：采砂船为 93.13%，运砂船为 98.64%，普通货船为 96.08%，散装货船为 98.50%，渔船为 90.87%，客船为 96.00%，集装箱船为 98.63%，如图 2.1-27 所示。

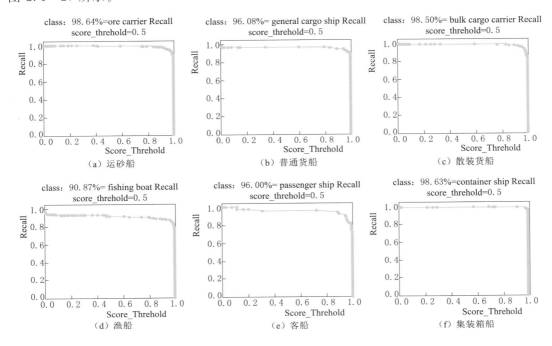

图 2.1-27　船只分类召回率数值

（注：图中横坐标表示成绩阈值，纵坐标表示召回率。）

本书主要实现对水面船只图片的识别测试，包括七个类别船只数据的识别效果，所采用的是上述 YOLOv4-tiny 算法模型，能够实时准确地实现水面船只的识别（见表 2.1-1）。改进的 YOLOv4-tiny 算法对于晴天、雾天、昏暗和夜间四种不同场景下船只的识别结果如图 2.1-28 所示。

（a）晴天　　　　　　　　　　　（b）雾天

（c）昏暗　　　　　　　　　　　（d）夜间

图 2.1-28　改进 YOLOv4-tiny 模型识别结果

表 2.1-1　　　　　　　　　　　　各水面船只分类的预测结果

船只类型	平均精度/%	加权调和平均 F1	精确度/%	召回率/%
采砂船	94.23	0.93	90.18	93.13
运砂船	99.76	0.98	96.88	98.64
普通货船	95.85	0.97	98.66	96.08
散装货船	96.49	0.97	95.63	98.50
渔船	93.36	0.94	98.21	90.87
客船	99.14	0.96	96.00	96.00
集装箱船	98.63	0.97	94.74	98.63

2.1.9　采砂船只数量统计方法

当监测区域出现多艘采砂船时，为了能够精确统计出采砂船只的数量，更有效地完成取证和监管，需要运用相关算法对船只数量进行统计，并且明确各艘船的行驶方向，进而统计出各方向上船只经过的数量，并对跨越计数线的船只数量进行统计（见图 2.1-29）。

船只流量统计技术路线如图 2.1-30 所示。

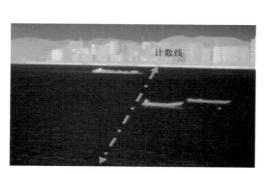

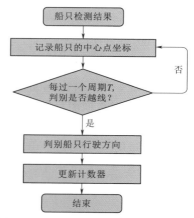

图 2.1-29　船只数量统计模块计数线示意图　　图 2.1-30　船只流量统计技术路线图

2.2　基于深度学习的河湖采砂船"船脸"识别技术

基于 RetinaFace+FaceNet 采砂船"船脸"识别技术的具体执行步骤为：①遍历数据库中所有的"船脸"图片；②利用 RetinaFace 检测每个图片中的采砂船"船脸"位置；③将"船脸"截取下来；④将获取到的"船脸"进行对齐；⑤利用 FaceNet 将"船脸"进行编码；⑥将所有"船脸"编码的结果放在一个列表中；⑦保存成 npy 的形式。

第⑥步得到的列表就是已知的所有采砂船"船脸"的特征列表，在之后获得的实时图片中的"船脸"都需要与已知的"船脸"进行比对，最终确定具体每一艘采砂船个体。

2.2.1　RetinaNet 及 RetinaFace 算法介绍

RetinaNet 是非常经典的基于先验框、单阶段的目标检测算法。

单阶段目标检测和两阶段目标检测的主要区别在于：单阶段目标检测是稠密检测，存在着正负样本不平衡，两阶段目标检测是由稠密到稀疏的检测。如果能够克服单阶段目标检测正负样本不平衡的缺点，那么单阶段目标检测在精度上就可以追赶上两阶段目标检测。

2.2.1.1　创新点

为了解决单阶段多目标稠密检测的正负样本不平衡的问题，提出了 FocalLoss。

FocalLoss 基于 CrossEntropyLoss 做了两处改进，使其能够很好地解决正负样本数量不平衡、难易样本数量不平衡的问题。

基本的 CrossEntropyLoss 公式：

$$CE(\text{pred}) = \begin{cases} -\lg(\text{pred}), \text{target}=1 \\ -\lg(1-\text{pred}), \text{target}=0 \end{cases} \qquad (2.2-1)$$

先解决正负样本不平衡，为正负样本添加权重 α：

$$FL_1(\text{pred}) = \begin{cases} -\alpha \cdot \lg(\text{pred}), \text{target}=1 \\ -(1-\alpha) \cdot \lg(1-\text{pred}), \text{target}=0 \end{cases} \qquad (2.2-2)$$

显然 α 越大，正样本的损失占比越大，解决了正负样本数量不平衡的问题。其中，易分样本有：易分正样本，即 target 为正样本，且 pred 得分高；易分负样本，即 target 为负样本，且 pred 得分低。

为此加一个权重 γ，使得随 pred 得分而变化：

$$FL_2(\text{pred}) = \begin{cases} -(1-\text{pred})^\gamma \cdot \lg(\text{pred}), \text{target}=1 \\ -\text{pred}^\gamma \cdot \lg(1-\text{pred}), \text{target}=0 \end{cases}$$
$$(2.2-3)$$

当 $\gamma=2$ 时，若 pred$=0.968$，$(1-0.968)^2 \approx 0.001$，易分正样本的损失衰减了 1000 倍。如图 2.2-1 所示。

一种新的 Focal Loss（FL）是增加一个因数 $(1-p_t)^\gamma$ 到标准交叉熵准则。对于分类良好的例子，设置 $\gamma > 0$ 可以减少相对损失（$p_t > 0.5$），把更多的注意力放在难以分类的错

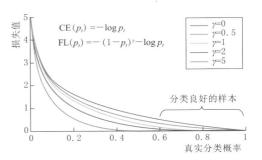

图 2.2-1　retinanet 训练损失函数

误例子上。实验证明，所提出的 Focal Loss 是可行的训练高精度的密集物体探测器大量简单的背景例子。

图 2.2-1 是 γ 的效果图，图中样本的 target 都是正样本。$\gamma=0$ 时就坍塌为 CrossEntropyLoss，γ 越大，probablity 预测值越大的样本（即易分正样本）的 loss 压制的越明显。同理可得易分负样本的情况。把 α 和 γ 都加上，就可以获得 focal loss 的最终形式：

$$FL_{\text{final}} = \begin{cases} -\alpha \cdot (1-\text{pred}^\gamma) \cdot \log(\text{pred}), \text{target}=1 \\ -(1-\alpha) \cdot \text{pred}^\gamma \cdot \log(1-\text{pred}), \text{target}=0 \end{cases} \qquad (2.2-4)$$

通过实验得出，当 $\gamma=0$ 时，$\alpha=0.75$ 效果更好，当 $\gamma=2$ 时，$\alpha=0.25$ 效果更好。负

样本虽然远比正样本多，但大部分是易分样本，以至于在 α 作用后，负样本甚至比正样本少，所以 $\alpha = 0.25$ 要反过来重新平衡。

2.2.1.2 结构

（1）骨干网络。骨干网络用来提取图片特征，最常用的骨干网络为 ResNet - 50。

（2）颈部。颈部主要是为了解决多尺度的目标检测任务，进行多尺度特征融合，采用 FPN 算法。

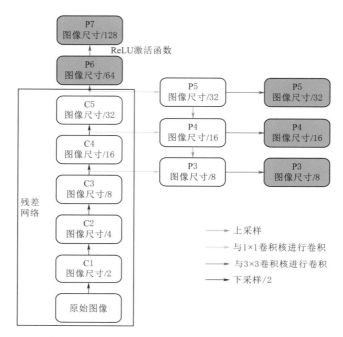

图 2.2 - 2　RetinaNet 的主干网络＋FPN 的结构图

FPN 最后会输出五个特征层 P3～P7。其中 P3～P5 是经过特征融合操作输出的，P6～P7 是在 ResNet 的最后一层特征层上与 3×3 卷积核进行卷积获得的。P6～P7 主要是为了检测大目标。

（3）头部。RetinaHead 比较复杂，它继承于 AnchorHead，重载了前向传播卷积的过程，是典型的基于先验框的算法。

1）推理时：RetinaHead 相比其他算法的预测头，显得特别"重"，包括两个分支：分类分支和定位分支，每个分支包括四个堆叠中间卷积层和一个最后的输出卷积层。

2）训练时：训练时将包括 prior generator、bbox assigner、bbox coder、loss cls、loss bbox 五个组件。由于采用了 focal loss，起到了正负样本平衡的作用，不需要进行 bbox sampler。

因为 RetinaNet 是为了对标两阶段的 faster r - cnn，很多配置都是沿用了 faster r - cnn。

prior generator 首先会为每个 grid 生成 base anchor。base anchor 是由长宽为 strides 的 anchor 根据 scales 和 ratios 变化而得的。容易发现，RetinaNet 的每一个 grid 会生成 $3 \times 3 = 9$ 个 base anchor，所以正负样本严重不平衡。

接着将每个 grid 生成的 base anchor 平移映射到原图，anchor 中心与图片左上角对齐，如图 2.2-3 所示。

bbox_coder 对 bbox 进行编解码。在目标检测回归 bbox 位置时，若直接回归的话，则是任意的正实数，在不同大小的目标上会有差异，所以合理的做法是对回归 bbox 位置时，添加约束。

bbox coder 主要提供两个接口。①编码：把 gt 编码成 gt 与 anchor 的 delta；②解码：把 pre_bbox 与 anchor 的 delta（即模型输出）解码成 pre_bbox。

因为这里采用了 L1 损失，所以在训练时需要进行编码，但不用进行解码。

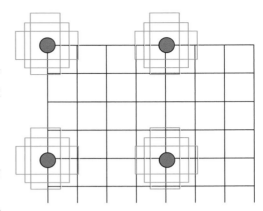

图 2.2-3 bbox 编码

bbox assigner 是 Head 模块中重要的组件，负责对 anchor 进行正负样本分配策略，即确定哪个 bbox 为正样本，哪个 bbox 为负样本。MaxIoUAssigner 是常用的正负样本分配策略，是典型的一对多（一个 groud truth 对应多个 anchor）。

MaxIoUAssigner 就是根据每个 bbox 与所有 gt 的最大 IOU，来确定是正样本还是负样本，或者是忽略样本。其中 assigned_gt_inds 参数很关键，参数值为：-1 表示忽略样本，0 表示负样本，1～len（gt）表示正样本。分配有六个步骤：①计算所有 bbox 与所有 gt 的 IOU；②计算所有 bbox 与所有 gt_ignore 的 IOU，若某个 bbox 与所有 gt_ignore 的 IOU 大于 ignore_iou_thr，则把该 bbox 与所有 gt 的 IOU 都设为-1；③初始化，把所有 bbox 设置为 ignore 忽略样本，assigned_gt_inds 赋值为-1；④获得每个 bbox 最近的 gt（即 argmax gt），若某个 bbox 与最近的 gt 的 IOU（即 max IOU）都小于 neg_iou_thr，那么设置为负样本，assigned_gt_inds 赋值为 0；⑤若某个 bbox 与最近的 gt 的 IOU（即 max IOU）大于 pos_iou_thr，那么设置为正样本，assigned_gt_inds 赋值为该 bbox 最近的 gt（argmax gt）的下标+1，范围为 1～len（gt）。

2.2.2 基于 RetinaFace 算法的采砂船"船脸"检测

RetinaFace 是基于单阶段的"船脸"检测网络，有非常好的表现。RetinaFace 于 2019 年 5 月出现，当时取得了 SOTA，将它应用于采砂船"船脸"识别主要有以下五个方面的优势：①在单阶段设计的基础上，使用一种新的基于像素级的"船脸"定位方法 RetinaFace，该方法采用多任务学习策略，同时预测"船脸"评分、"船脸"框、五个采砂船"船脸"关键点以及每个人船像素的三维位置和对应关系。②在 WILDER FACE hard 子集上 RetinaFace 的性能比 SOTA 的两阶段方法（ISRN）的 AP 高出 1.1%（AP 等于 91.4%）。③更好的"船脸"定位可以显著提高"船脸"识别。④通过使用轻量级主干网络，RetinaFace 可以在 VGA 分辨率的图片上实时运行。

与一般的目标检测不同，采砂船"船脸"检测具有较小的比例变化（从 1:1 到 1:1.5）、更大的尺度变化（从几个像素到数千像素）。大多数 state-of-the-art 的方法集中于单阶段设计，该设计密集采样"船脸"在特征金字塔上的位置和尺度，与两阶段方法相比，表现出良好的性能和更快的速度。在此基础上，RetinaFace改进了单阶段"船脸"检测框架，并利用强监督和自监督信号的多任务损失，提出了一种most SOTA的密集"船脸"定位方法。RetinaFace的检测头有四个并行的分支："船脸"分类，框回归，关键点检测和"船脸"像素的三维位置和对应关系。RetinaFace是基于特征金字塔设计的具有独立的上下文模块。跟随上下文模块，计算每个锚框的多任务损失，如图2.2-4所示。

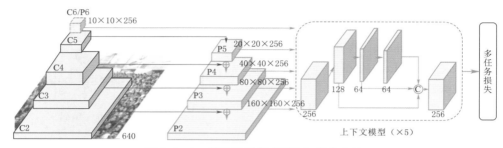

图 2.2-4 单阶段密集"船脸"定位方法

RetinaFace算法一共有四个模块，分别是 Backbone、FPN、Context Module 和 Multi-task Loss，其实现细节如下：

（1）主干网络。RetinaFace主干网络结构如图2.2-5所示。

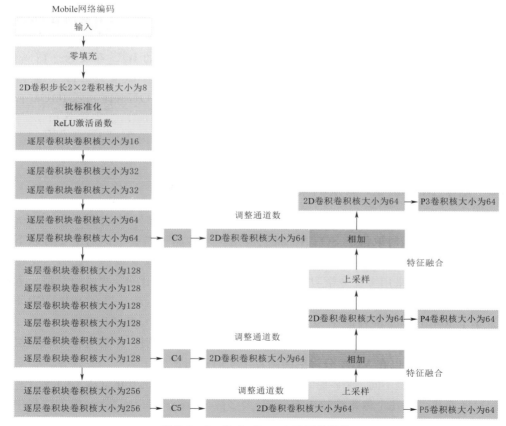

图 2.2-5 RetinaFace 主干网络结构

RetinaFace 在实际训练的时候使用两种网络作为主干特征提取网络，分别是 Mobile-NetV1-0.25 和 ResNet。使用 ResNet 可以实现更高的精度，使用 MobileNetV1-0.25 可以在 CPU 上实现实时检测。

本书将 MobileNetV1-0.25 作为主干网络。

MobileNet 模型是谷歌针对手机等嵌入式设备提出的一种轻量级的深层神经网络，其使用的核心思想是深度可分离卷积。

对于一个卷积点而言：假设有一个 3×3 大小的卷积层，其输入通道为 16，输出通道为 32。具体为，32 个 3×3 大小的卷积核会遍历 16 个通道中的每个数据，最后可得到所需的 32 个输出通道，所需参数为 16×32×3×3=4608 个。

应用深度可分离卷积，用 16 个 3×3 大小的卷积核分别遍历 16 通道的数据，得到了 16 个特征图谱。在融合操作之前，接着用 32 个 1×1 大小的卷积核遍历这 16 个特征图谱，所需参数为 16×3×3+16×32×1×1=656 个。可以看出，深度可分离卷积可以减少模型的参数，深度可分离卷积的结构如图 2.2-6 所示。

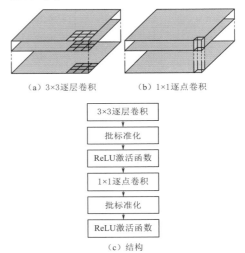

（a）3×3逐层卷积　（b）1×1逐点卷积

在建立模型的时候，将卷积组设置成 in_filters 层实现深度可分离卷积，然后再利用 1×1 卷积调整通道数。3×3 的卷积核厚度只有一层，然后在输入张量上一层一层地滑动，每一次卷积完成生成一个输出通道，当卷积完成后，在利用 1×1 的卷积调整厚度。图 2.2-7 所示为 MobileNet 的结构，其中 Conv DW 就是分层卷积，在其之后都会接一个 1×1 的 PW 卷积进行通道处理。

图 2.2-6　深度可分离卷积结构原理

本书所用的 MobileNetV1-0.25 是将 MobileNetV1-1 通道数压缩为原来 1/4 的网络，如图 2.2-8 所示。

（2）FPN 特征金字塔。FPN 特征金字塔如图 2.2-9 所示。

与 RetinaNet 类似的是，RetinaFace 使用了 FPN 的结构，对 MobileNet 最后三个形状的有效特征层进行 FPN 结构的构建。构建方式为首先利用 1×1 卷积对三个有效特征层进行通道数的调整。调整后利用上采样和相加进行上采样的特征融合。

RetinaFace 采用从 P2 到 P6 的特征金字塔层，其中 P2 到 P5 通过使用自顶向下和横向连接计算相应的 ResNet 残差阶段（C2~C5）的输出。P6 是在 C5 处通过一个步长 2 的 3×3 卷积计算得到。C1~C5 是预先训练好的 ResNet-152 分类网络，P6 是用"Xavier"方法随机初始化的。

（3）SSH 进一步加强特征提取。通过第二部分运算获得了 P3、P4、P5 三个有效特征层。RetinaFace 为了进一步加强特征提取，使用了 SSH 模块加强感受野。SSH 的结构如图 2.2-10 所示。

SSH 的思想是使用三个并行结构，利用 3×3 卷积的堆叠代替 5×5 与 7×7 卷积的效

类型/步长	滤波器	输入大小
Conv/s2	3×3×3×32	224×224×3
Conv dw/s1	3×3×32dw	112×112×32
Conv/s1	1×1×32×64	112×112×32
Conv dw/s2	3×3×64dw	112×112×64
Conv/s1	1×1×64×128	56×56×64
Conv dw/s1	3×3×128dw	56×56×128
Conv/s1	1×1×128×128	56×56×128
Conv dw/s2	3×3×128dw	56×56×128
Conv/s1	1×1×128×256	28×28×128
Conv dw/s1	3×3×256dw	28×28×256
Conv/s1	1×1×256×256	28×28×256
Conv dw/s2	3×3×256dw	28×28×256
Conv/s1	1×1×256×512	14×14×256
5× Conv dw/s1 Conv/s1	3×3×512dw 1×1×512×512	14×14×512 14×14×512
Conv dw/s2	3×3×512dw	14×14×512
Conv/s1	1×1×512×1024	7×7×512
Conv dw/s2	3×3×1024dw	7×7×1024
Conv/s1	1×1×1024×1024	7×7×1024
Avg Pool/s1	Pool7×7	7×7×1024
FC/s1	1024×1000	1×1×1024
Softmax/s1	Classifier	1×1×1000

图 2.2 - 7 MobileNet 网络结构

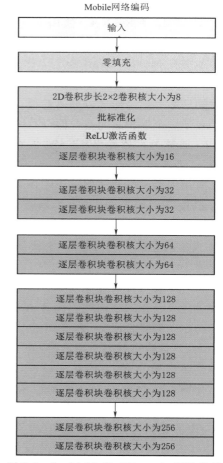

图 2.2 - 8 MobileNetV1 - 0.25 网络结构

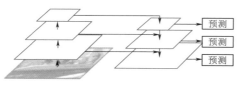

图 2.2 - 9 FPN 特征金字塔

果：左边的是 3×3 卷积，中间利用两次 3×3 卷积代替 5×5 卷积，右边利用三次 3×3 卷积代替 7×7 卷积。

（4）上下文模块。RetinaFace 在五个特征金字塔层应用单独的上下文模块来提高感受并增加上下文建模的能力。根据从 WIDER Face 冠军方案中受到的启发，在横向连接和使用可变形卷积网络（DCN）的上下文模块中替换所有 3×3 卷积，进一步加强非刚性的上下文建模能力。

（5）多任务损失。对于任何训练的 anchor i，RetinaFace 的目标是最小化下面的多任务损失：

$$L = L_{cls}(p_i, p_i^*) + \lambda_1 p_i^* L_{box}(t_i, t_i^*) + \lambda_2 p_i^* L_{pts}(l_i, l_i^*) + \lambda_3 p_i^* L_{pixel}$$

Multi - task 损失包含四个部分：

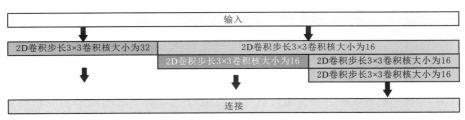

图 2.2 - 10　SSH 结构

1）"船脸"分类损失 Lcls(p_i, p_i^*)。这里的 p_i 是 anchor i 为"船脸"的预测概率。对于 p_i^*，1 为 positive anchor，0 为 negative anchor。分类损失 L_{cls} 采用 softmax 损失，即 softmax 损失在二分类的情况（"船脸"/非"船脸"）的应用。

2）"船脸"回归损失，$L_{box}(t_i, t_i^*)$，这里的 $t_i = \{t_x, t_y, t_w, t_h\}$，$t_i^* = \{t_x^*, t_y^*, t_w^*, t_h^*\}$ 分别代表 positive anchor 相关的预测框和真实框的坐标。按照 Fast R - CNN 的方法对回归框目标（中心坐标，宽和高）进行归一化，使用 $L_{box}(t_i, t_i^*) = R(t_i - t_i^*)$，这里 R 是 smooth - L1 损失。

3）"船脸"的关键点回归损失 $L_{pts}(l_i, l_i^*)$，这里 $l_i = \{l_{x_1}, l_{y_1}, \cdots, l_{x_5}, l_{y_5}\}$，$l_i^* = \{l_{x_1}^*, l_{y_1}^*, \cdots, l_{x_5}^*, l_{y_5}^*\}$ 代表预测的五个"船脸"关键点和基准点。五个"船脸"关键点的回归也采用了基于 anchor 中心的目标归一化。

4）密集回归损失 L_{pixel}。

loss 调节参数 $\lambda_1 \sim \lambda_3$ 设置为 0.25，0.1 和 0.01。这意味着在监督信号中，RetinaFace 增加了边界框和关键点定位的重要性。

（6）anchors 设置。如表 2.2 - 1 所示，RetinaFace 从 P_2 到 P_6 的特征金字塔级别上使用特定于比例的锚点。P_2 旨在通过平铺小 anchors 来捕获微小的面部，但要花费更多的计算时间，并且误报风险更大。RetinaFace 将 scale step 设置为 $2^{1/3}$，aspect ratio 设置为 1：1。输入图像大小为 640×640，anchors 可以覆盖从 16×16 到 406×406 的特征金字塔层。从五个下采样（4，8，16，32，64）的 feature map 平铺 anchors，每个 feature map 中的点预测三个 anchors，总共有（160×160＋80×80＋40×40＋400＋100）×3＝102300 个 anchors，其中 75％来自 P_2。不过在实现代码中，只用了 8、16、32 这三个下采样层的输出 feature map，且每个点只放两个 anchors。

表 2.2 - 1　　　　　　　　　　　RetinaFace 特征金字塔

特征金字塔	步长	锚　框	特征金字塔	步长	锚　框
P_2（160×160×256）	4	16，20.16，25.40	P_5（20×20×256）	32	128，161.26，203.19
P_3（80×80×256）	8	32，40.32，50.80	P_6（10×10×256）	64	256，322.54，406.37
P_4（40×40×256）	16	64，80.63，101.59			

所以，对于 640×640 的输入，32、16、8 的下采样输出，每个点的输出是

【（1，4，20，20），（1，8，20，20），（1，20，20，20）】，

【（1，4，40，40），（1，8，40，40），（1，20，40，40）】，

【（1，4，80，80），（1，8，80，80），（1，20，80，80）】。

其中 4、8、20 分别代表一个点两个 anchors 的类别数（2 anchors×2 类），（2 anchors×框的信息），[2 anchors×5 个关键点信息（一个点 x，y）]。

（7）数据增强。RetinaFace 从原始图像随机剪裁方形块，并调整这些块到 $640×640$，以产生更大的训练"船脸"。更具体地说，在原始图像的短边 [0.3，1] 之间随机裁剪正方形 patches。对于 crop 边界上的"船脸"，如果"船脸"框的中心在 crop patches 内，则保持"船脸"框的重叠部分。除了随机裁剪，还通过 0.5 概率的随机水平翻转和光度颜色蒸馏来增加训练数据。

（8）学习率调整。使用 warmup learning 策略，学习速率从 10^{-3}，在 5 个 epoch 后上升到 10^{-2}，然后在第 55 和第 68 个 epoch 时除以 10。训练过程在第 80 个 epoch 结束。

（9）从特征获取预测结果。获得 SSH1、SSH2、SHH3 三个有效特征层。在获得这三个有效特征层后，需要通过这三个有效特征层获得预测结果。

RetinaFace 的预测结果分为三个，分别是分类预测结果、框的回归预测结果和"船脸"关键点的回归预测结果。

1）分类预测结果用于判断先验框内部是否包含物体，原版的 RetinaFace 使用的是 Softmax 进行判断。此时利用一个 $1×1$ 的卷积，将 SSH 的通道数调整成 num_anchors×2，用于代表每个先验框内部包含"船脸"的概率。

2）框的回归预测结果用于对先验框进行调整获得预测框，需要用四个参数对先验框进行调整。此时利用一个 $1×1$ 的卷积，将 SSH 的通道数调整成 num_anchors×4，用于代表每个先验框的调整参数。

3）"船脸"关键点的回归预测结果用于对先验框进行调整获得"船脸"关键点，每一个"船脸"关键点需要两个调整参数，一共有五个"船脸"关键点。此时利用一个 $1×1$ 的卷积，将 SSH 的通道数调整成 num_anchors×10（num_anchors×5×2），用于每个"船脸"关键点的调整。

（10）获得三个有效特征层 SSH1、SSH2、SSH3。这三个有效特征层相当于将整幅图像划分成不同大小的网格，当输入的图像是（640，640，3）的时候，SSH1 的形状为（80，80，64）；SSH2 的形状为（40，40，64）；SSH3 的形状为（20，20，64）。

SSH1 表示将原图像划分成 $80×80$ 的网格；SSH2 就表示将原图像划分成 $40×40$ 的网格；SSH3 就表示将原图像划分成 $20×20$ 的网格，每个网格上有两个先验框，每个先验框代表图片上的一定区域。

RetinaFace 的预测结果用来判断先验框内部是否包含"船脸"，并且对包含"船脸"的先验框进行调整，从而获得预测框与"船脸"关键点。

1）分类预测结果用于判断先验框内部是否包含物体，利用一个 $1×1$ 的卷积，将 SSH 的通道数调整成 num_anchors×2，用于代表每个先验框内部包含"船脸"的概率。

2）框的回归预测结果用于对先验框进行调整获得预测框，用四个参数对先验框进行调整。此时利用一个 $1×1$ 的卷积，将 SSH 的通道数调整成 num_anchors×4，用于代表每个先验框的调整参数。每个先验框的四个调整参数中，前两个用于对先验框的中心进行调整，后两个用于对先验框的宽高进行调整。

3）"船脸"关键点的回归预测结果用于对先验框进行调整，以获得"船脸"关键点，每一个"船脸"关键点需要两个调整参数，一共有五个"船脸"关键点。此时利用一个

1×1的卷积，将 SSH 的通道数调整成 num_anchors×10，用于代表每个先验框的每个"船脸"关键点的调整。每个"船脸"关键点的两个调整参数用于对先验框中心的 x、y 轴进行调整获得关键点坐标。

完成调整、判断之后，进行非极大抑制。非极大抑制的功能是筛选出一定区域内属于同一种类得分最大的框。未经非极大抑制的图片有许多重复的框，这些框都指向同一个物体。

（11）预测结果的解码。预测结果的解码如图 2.2-11 所示。

（a）带有真实框的图像　　　　（b）8×8特征图　　　　（c）4×4特征图

图 2.2-11　预测结果的解码

（12）在原图上进行绘制。通过以上步骤可以获得预测框在原图上的位置，这些预测框都是经过筛选的。这些筛选后的框绘制在图片上可获得结果。

（13）实验结果（图 2.2-12）。RetinaFace 与其他 24 个 stage-of-the-art 的人脸检测算法相比，RetinaFace 在所有的验证集和测试集都能达到最好的 AP，在验证集上的 AP 是 96.9%（easy）、96.1%（Medium）和 91.8%（hard）。

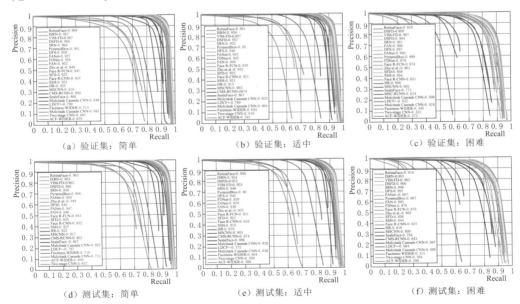

（a）验证集：简单　　　　（b）验证集：适中　　　　（c）验证集：困难

（d）测试集：简单　　　　（e）测试集：适中　　　　（f）测试集：困难

图 2.2-12　宽面孔验证集和测试集的查全率曲线

（注：图中横坐标表示召回率，纵坐标表示精确度。）

表 2.2-2 所示为不同主干网络（ResNet-152 和 MobileNet-0.25）的 RetinaFace 在不同输入尺寸下的推断时间（ms）（VGA@640×480，HD@1920×1080 和 4K@4096×2160）。"CPU1" 和 "CPU-m" 表示单线程测试和多线程测试 Intel i7-6700K CPU，分别。GPU 指的是 NVIDIA Tesla P40 GPU 和 "ARM" 平台为 RK3399（A72×2）。

表 2.2-2　　　不同主干网络的 RetinaFace 在不同输入尺寸下的推断时间

Backbones	VGA	HD	4K
ResNet-152（GPU）	75.1	443.2	1742
MobileNet-0.25（GPU）	1.4	6.1	25.6
MobileNet-0.25（CPU-m）	5.5	50.3	—
MobileNet-0.25（CPU-1）	17.2	130.4	—
MobileNet-0.25（ARM）	61.2	434.3	—

2.2.3　河湖采砂船"船脸"检测训练流程设计

2.2.3.1　数据集的制作

对收集的鄱阳湖和赣江上不同采砂船的图片进行筛选，选择具有目标且目标清晰、目标大小适中以及目标较为完整的图片，对选取的图片进行编号，参照 WIDER FACE 公开人脸数据集制作采砂船"船脸"数据集。WIDER FACE 数据集是人脸检测的一个 benchmark 数据集，包含 32203 个图像，以及 393703 个标注人脸，其中，158989 个标注人脸位于训练集，39496 个位于验证集。每一个子集都包含三个级别的检测难度：简单、适中和困难。这些人脸在尺度、姿态、光照、表情、遮挡方面都有很大的变化范围。WIDER FACE 选择的图像主要来源于公开数据集 WIDER，制作者来自于香港中文大学，他们选择了 WIDER 的 61 个事件类别，对于每个类别，随机选择 40%、10%、50% 作为训练集、验证集、测试集。

本书针对拍摄收集的"船脸"图像数据集，利用图像数据标记工具 labelme 标注船体目标生成 JSON 格式数据集，如图 2.2-13 和 2.2-14 所示。

原版的标注方式如下：

（1）文件名称。

（2）图片的位置和名称。

（3）边框的数量（图片中有多少张"船脸"）。

（4）x1，y1，w，h，模糊，遮挡，曝光，姿势。其中，1~4 位是每个"船脸"的边框，5~8 位是"船脸"的属性，5~8 位属性的数值含义具体如下：①模糊：0（清晰）、1（一般）、2（严重）；②遮挡：0（无）、1（部分）、2（大量）；③曝光：0（正常）、1（极度）；④姿势：0（正常），1（非典型）。

模糊：图像采集过程中，因抖动或者焦距问题造成图像模糊。这里将模糊定义为：0 是清晰，1 是一般模糊，2 是严重模糊。

遮挡：对于评估一个"船脸"检测器来说，遮挡是一个很重要的因素。这里将遮挡看

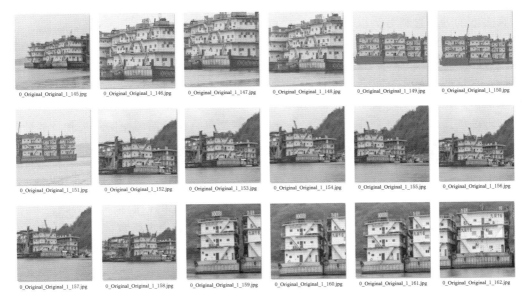

| 0_Original_Original_1_145.jpg | 0_Original_Original_1_146.jpg | 0_Original_Original_1_147.jpg | 0_Original_Original_1_148.jpg | 0_Original_Original_1_149.jpg | 0_Original_Original_1_150.jpg |

| 0_Original_Original_1_151.jpg | 0_Original_Original_1_152.jpg | 0_Original_Original_1_153.jpg | 0_Original_Original_1_154.jpg | 0_Original_Original_1_155.jpg | 0_Original_Original_1_156.jpg |

| 0_Original_Original_1_157.jpg | 0_Original_Original_1_158.jpg | 0_Original_Original_1_159.jpg | 0_Original_Original_1_160.jpg | 0_Original_Original_1_161.jpg | 0_Original_Original_1_162.jpg |

图 2.2-13　收集整理的"船脸"图像

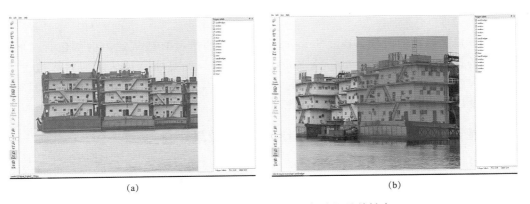

(a)　　　　　　　　　　　　　　　(b)

图 2.2-14　利用 labelme 标注"船脸"及关键点

成是一个属性,并将"船脸"划分为三类,即无遮挡、部分遮挡和严重遮挡,其中遮挡 $1\% \sim 30\%$ 的为部分遮挡,30% 以上的为严重遮挡。

曝光:是指图像根据不同的光照条件分为不同的等级,以确保"船脸"识别技术的准确性和有效性。该属性定义了两个等级,可以根据图像的明暗程度分为正常明亮环境和极度明亮曝光环境。

姿势:与遮挡相似,定义正常和非典型两个等级。"船脸"姿态涉及在三维垂直坐标系中绕三个轴的旋转造成的面部变化,分别用 pitch、roll、yaw 字段表示姿态角度情况,其中,roll 或 pitch 角度大于 $30°$,或 yaw 大于 $90°$ 的认为是非典型的。

随后通过一系列算法对数据集进行预处理,得到结构复杂、具有代表性、泛化能力强的数据集用于训练模型。

2.2.3.2　真实框的处理

真实框的处理过程分为以下三步。

（1）计算所有真实框和所有先验框的重合程度，与真实框的 IOU 大于 0.35 的先验框被认为可以用于预测获得该真实框。

（2）对这些和真实框重合程度比较大的先验框进行编码操作，编码操作即网络的预测结果输出形式。

（3）编码操作分为三个部分，分别是分类预测结果、框的回归预测结果和"船脸"关键点回归预测结果的编码。

2.2.3.3　计算损失函数

损失函数的计算分为以下三个部分。

（1）Box Smooth 损失：获取所有正标签的框的预测结果的回归损失函数。

（2）MultiBox 损失：获取所有种类的预测结果的交叉熵损失函数。

（3）Lamdmark Smooth 损失：获取所有正标签的"船脸"关键点的预测结果的回归损失函数。

在 RetinaFace 的训练过程中，正负样本极其不平衡，即存在对应真实框的先验框可能只有若干个，但是不存在对应真实框的负样本却有几千上万个，这就会导致负样本的损失函数值极大，因此考虑减少负样本的选取，通常是取七倍正样本数量的负样本用于训练。

在计算损失函数的时候，Box Smooth 损失计算的是所有被认定为内部包含"船脸"的先验框的损失函数，而 Lamdmark Smooth 损失计算的是所有被认定为内部包含"船脸"同时包含"船脸"关键点的先验框的损失函数。因为在标注的时候有些"船脸"框由于角度问题以及清晰度问题是没有"船脸"关键点的。

2.2.4　基于 RetinaFace 采砂船 "船脸"检测效果

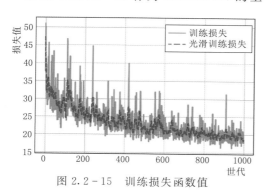

图 2.2-15　训练损失函数值

采用 ResNet-50 作为 RetinaFace 的主干网络，使用 CUDA 进行训练，不加载预训练权重从头开始训练，一共训练 1000 个 epoch，batch_size 设置为 4，初始学习率设置为 0.01，最小学习率设置为 0.0001，采用 SGD 优化器优化降低损失函数，优化器内部使用到的 momentum 参数设置为 0.937，权值衰减设置为 0.0005，可防止过拟合，采用余弦退火学习率衰减方式，每训练 10 个 epoch 保存一次权重，使用 4 线程读取数据，加快训练速度，训练 1000 个 epoch 使损失值降到最小（17.83）（见图 2.2-15）。

经过训练的 RetinaFace 网络可以准确地检测个体"船脸"和密集"船脸"，检测准确率较高，可以完成河湖上采砂船"船脸"的检测（见图 2.2-16 和图 2.2-17）。

图 2.2 - 16　RetinaFace 检测采砂船
"船脸"效果（一）

图 2.2 - 17　RetinaFace 检测采砂船
"船脸"效果（二）

2.2.5　基于 FaceNet 算法的河湖采砂船"船脸"识别

大规模且高效地完成"船脸"识别是巨大挑战。本书提出利用 FaceNet 实现"船脸"识别的方法，直接学习从"船脸"图像到紧凑的欧氏空间的映射，距离直接代表"船脸"的相似性。从而使"船脸"识别、验证和聚类等任务能够很容易地实现。

FaceNet 算法直接优化深度卷积网络，而不是像之前一样优化 bottleneck 层结构，并采用了 Triplet 损失函数。

以往的基于深度网络的"船脸"识别方法是使用一个分类层，在一组已知的"船脸"身份上训练，然后取一个中间的 bottleneck 层，用于泛化识别训练集之外的"船脸"。这种方法的缺点是它的间接性和低效率：bottleneck 层的特征不能很好地适用于新面孔；通过使用瓶颈层，每个面的表现尺寸通常非常大（1000 维）。此前，光线和姿态的变化也会导致识别效果变差。

FaceNet 通过网络训练得到一个 128 维的输出，使用 Triplet 损失函数改进了上述问题。该算法提出的"船脸"识别系统包括验证（确定是同一艘船）、识别（这艘船的编号是多少）、聚类（从数据集中找到属于这艘船的所有"船脸"图像）。核心是在网络训练过程中，使 L2 距离在嵌入空间中的平方直接对应于"船脸"相似度，让属于同一个"船脸"的图像之间距离变小，属于不同"船脸"间的图像距离变大。

FaceNet "船脸"识别算法利用相同"船脸"在不同角度等姿态的照片下有高内聚性，不同"船脸"有低耦合性，提出使用 CNN ＋ Triplet Mining 方法。通过 CNN 将人脸映射到欧式空间的特征向量上，通过相同个体的"船脸"的距离总是小于不同个体的"船脸"这一先验知识训练网络。

测试时只需要计算"船脸"特征 Embedding，然后计算距离使用阈值即可判定两张"船脸"照片是否属于相同的个体。FaceNet "船脸"识别算法整体结构如图 2.2 - 18 所示。

网络由一个 batch input layer 和一个 deep CNN 和 L2normalization 组成，从而实现了"船脸"的嵌入。接下来是训练 Triplet LOSS。训练步骤如下：首先输入一张"船脸"图片，然后通过深度卷积网络提取特征，经过 L2 标准化后获得长度为 128 的特征向量，最后进行 Triplet Loss 的计算。

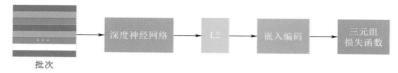

图 2.2 - 18　FaceNet "船脸"识别算法整体结构

FaceNet 实现 "船脸"识别的具体流程如图 2.2 - 19 所示。

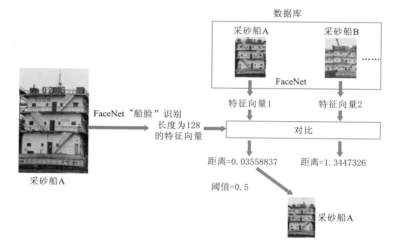

图 2.2 - 19　FaceNet "船脸"识别算法整体流程

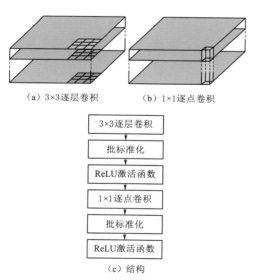

图 2.2 - 20　深度可分离卷积块的结构示意图

（1）主干网络。主干网络对应网络结构图中深度神经网络的部分，其作用是提取图片的特征。为了方便训练收敛，本书将主干网络改成 MobileNet 来训练。

深度可分离卷积块由两个部分组成，分别是深度可分离卷积和 1×1 普通卷积，深度可分离卷积的卷积核大小一般是 3×3 的，其作用是特征提取，1×1 的普通卷积可以完成通道数的调整。深度可分离卷积块的结构示意图如图 2.2 - 20 所示。

深度可分离卷积块的目的是使用更少的参数来代替普通的 3×3 卷积。

对于普通卷积而言，假设有一个 3×3 大小的卷积层，其输入通道为 16、输出通道为 32。具体为，32 个 3×3 大小的卷积核会遍历 16 个通道中的每个数据，最后可得到所需的 32 个输出通道，所需参数为 $16 \times 32 \times 3 \times 3 = 4608$ 个。

对于深度可分离卷积结构块而言，假设有一个深度可分离卷积结构块，其输入通道为

16、输出通道为 32，其会用 16 个 3×3 大小的卷积核分别遍历 16 通道的数据，得到了 16 个特征图谱。在融合操作之前，接着用 32 个 1×1 大小的卷积核遍历这 16 个特征图谱，所需参数为 $16×3×3+16×32×1×1=656$ 个。可因此深度可分离卷积结构块可以减少模型参数。

图 2.2-21 和图 2.2-22 所示为 MobileNet 的结构，其中 Conv dw 就是分层卷积，在其之后都会接一个 1×1 的 PW 卷积进行通道处理。

类型/步长	滤波器	输入大小
Conv/s2	3×3×3×32	224×224×3
Conv dw/s1	3×3×32dw	112×112×32
Conv/s1	1×1×32×64	112×112×32
Conv dw/s2	3×3×64dw	112×112×64
Conv/s1	1×1×64×128	56×56×64
Conv dw/s1	3×3×128dw	56×56×128
Conv/s1	1×1×128×128	56×56×128
Conv dw/s2	3×3×128dw	56×56×128
Conv/s1	1×1×128×256	28×28×128
Conv dw/s1	3×3×256dw	28×28×256
Conv/s1	1×1×256×256	28×28×256
Conv dw/s2	3×3×256dw	28×28×256
Conv/s1	1×1×256×512	14×14×256
5× Conv dw/s1 Conv/s1	3×3×512dw 1×1×512×512	14×14×512 14×14×512
Conv dw/s2	3×3×512dw	14×14×512
Conv/s1	1×1×512×1024	7×7×512
Conv dw/s2	3×3×1024dw	7×7×1024
Conv/s1	1×1×1024×1024	7×7×1024
Avg Pool/s1	Pool7×7	7×7×1024
FC/s1	1024×1000	1×1×1024
Softmax/s1	Classifier	1×1×1000

图 2.2-21　MobileNet 结构参数

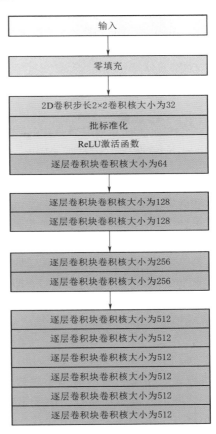

图 2.2-22　MobileNet 结构

（2）获得特征向量。利用主干特征提取网络可以获得一个特征层，它的形状为（批次、高、宽、通道数），将其取全局平均池化，方便后续的处理（批次、通道数）。将平铺后的特征层进行一个神经元个数为 128 的全连接。此时相当于利用了一个长度为 128 的特征向量代替输入进来的图片，这个长度为 128 的特征向量就是输入图片的特征浓缩。

（3）L2 标准化。通过主干网络可以获得一个 128 维的特征向量，针对该向量，需要对其进行 L2 标准化处理，这个 L2 标准化是为了让不同的网络属于同一数量级，方便比较。

L2 范数的公式如下：

$$\| \mathbf{x} \|_2 = \sqrt{\sum_{i=1}^{N} x_i^2} \qquad (2.2-5)$$

（4）构建分类器。利用第三步预测结果进行训练和预测。但是只用 Triplet 损失函数会使得整个网络难以收敛，本书结合 Cross - Entropy Loss 和 Triplet Loss 作为总体损失函数。

Triplet Loss 用于不同船舶的"船脸"特征向量欧几里得距离的扩张，以及同一艘船的不同状态的"船脸"特征向量欧几里得距离的缩小。

Cross - Entropy Loss 用于"船脸"分类，具体作用是辅助 Triplet Loss 收敛。利用 Cross - Entropy Loss 进行训练需要构建分类器，因此对第三步获得的结果再次进行一个全连接用于分类。在进行网络训练的时候，使用分类器辅助训练，在预测的时候不需要分类器。

（5）Triplet—Loss。图 2.2 - 23 概述了 Triplet Loss 的作用。Triplet Loss 最小化锚点与正样本（同类样本）之间的距离，最大化锚点与负样本（不同类样本）之间的距离。

图 2.2 - 23　Triplet—Loss 正样本和负样本的距离

Triplet 需要三个输入：

1）第一个输入为 anchor（a），也就是输入图片经过深度神经网络获得的 128 维"船脸"特征向量。

2）第二个输入为 positive（p），即与 anchor 同类别的 128 维"船脸"特征向量。

3）第三个输入为 negative（n），即与 anchor 不同类别的 128 维"船脸"特征向量。
Triplet 的公式为

$$\sum_{i}^{N}\left[\parallel f(x_i^a) - f(x_i^p) \parallel_2^2 - \parallel f(x_i^a) - f(x_i^n) \parallel_2^2 + \alpha\right] \tag{2.2-6}$$

式（2.2 - 6）中，第一项是代表 anchor 与 positive 的欧氏距离，希望同类之间的距离越小越好，也就是希望第一项的值越小越好。第二项代表 anchor 与 negative 的欧式距离，希望不同类之间的距离越大越好，由于第二项前面有负号，所以第二项越大越好，对应取负号后越小越好。第三项 α 是一个常数，代表正负样本之间的边界。

（6）技巧。

1）使用分类器。由于 Triplet Loss 本质上是图片与图片之间的两两比对，如果仅使用 Triple Loss 对网络进行训练，则会造成网络难以收敛的问题。本书除了使用 Triplet Loss 以外，还使用了交叉熵损失函数，其作用是对"船脸"分类，从而辅助 Triplet Loss 收敛。

2）Triplet 的选取策略。为了让"船脸"识别网络达到类内聚、类间开的效果，需要 Triplet Loss 达到最佳的优化效果，这就对计算 Triplet Loss 样本的采集产生较高要求。但由于 Triplet Loss 固有的图片间需要两两比对的性质，随着样本数量 n 的增大，比对次数 n^2 的数量呈现爆炸式增长。显然算力不足以计算所有图片比对的损失。因此，数据的采样非常重要。

选择同类样本中距离最远的两个样本，选择不同样本中距离最近的两个，选出这两种极端情况进行优化。理论上是可行的，但其存在明显缺点：①筛选这个三元组的过程非常耗时，需要比较所有图片之间的距离；②极端的数据往往代表最坏的情况，网络会受到这种数据的主导，从而训练效果会变差。

为了解决上述问题，FaceNet 算法给了两种采样策略：第一种方法是设置可以在每 N 步过后，使用最近生成的网络，计算子集里的两两差异，生成一些 triplet，再进行下一步训练。第二种方法是设置 mini-batch，这个 mini-batch 固定的同一类数量分布（例如都为 40 张）和随机负样本，用在线生成和选取 mini-batch 里的 hard pos/neg 样例。在生成 mini-batch 的时候，保证每个 mini-batch 中每艘船平均有 40 张图片。然后随机加一些反例进去。在生成 triplet 的时候，找出所有的 anchor-pos 对，然后对每艘船 anchor-pos 对找出其 hard neg 样本。这里，并不是严格地去找困难的 anchor-pos 对，找出所有的 anchor-pos 对训练的收敛速度也很快。此外，还可以对三元组进行约束：

$$\| f(x_i^a) - f(x_i^p) \|_2^2 < \| f(x_i^a) - f(x_i^n) \|_2^2 \qquad (2.2-7)$$

使得样本和正样本之间距离的 L2 范数的平方小于其与负样本之间距离的 L2 范数的平方。

在使用阶段，FaceNet 实现"船脸"识别步骤为：①输入一张"船脸"图片；②通过深度卷积网络提取特征；③L2 标准化；④得到一个长度为 128 特征向量。

2.2.6 河湖采砂船"船脸"识别训练流程设计

FaceNet 使用 Triplet Loss 作为损失函数。Triplet Loss 的输入是一个三元组：

A：Anchor，基准图片获得的 128 维"船脸"特征向量；

P：Positive，与基准图片属于同一张"船脸"的图片获得的 128 维"船脸"特征向量；

N：Negative，与基准图片不属于同一张"船脸"的图片获得的 128 维"船脸"特征向量；

将 Anchor 和 Positive 求欧几里得距离，并使其尽量小；并将 Anchor 和 Negative 求欧几里得距离，并使其尽量大，所使用的公式为

$$L = \max = [d(a,p) - d(a,n) + margin, 0] \qquad (2.2-8)$$

式中：$d(a,p)$ 为 Anchor 和 Positive 的欧几里得距离；$d(a,n)$ 为 Negative 和 Positive 的欧几里得距离；Margin 为一个常数。

$d(a,p)$ 前面为正符号，所以期望其越来越小；$d(a,n)$ 前面为负符号，所以期望其越来越大，即希望同一艘船不同状态的"船脸"特征向量欧几里得距离小，不同船的"船脸"特征向量欧几里得距离大。

但是只用 Triplet Loss 会使得整个网络难以收敛，本书结合 Cross-Entropy Loss 和 Triplet Loss 作为总体 loss。Triplet Loss 用于进行不同船"船脸"特征向量欧几里得距离的扩张，同一艘船不同状态的"船脸"特征向量欧几里得距离的缩小。Cross-Entropy Loss 用于"船脸"分类，具体作用是辅助 Triplet Loss 收敛。

2.2.7 河湖采砂船"船脸"识别效果展示

（1）数据集介绍。本书使用自制"船脸"数据集，将其属于同一艘船的图片放到同一个文件夹里面，不同文件夹存放不同船的"船脸"，文件夹命名规则为汉字缩写加代号。文件夹包含的内容为同一艘采砂船不同角度的图片，如图 2.2-24 所示。

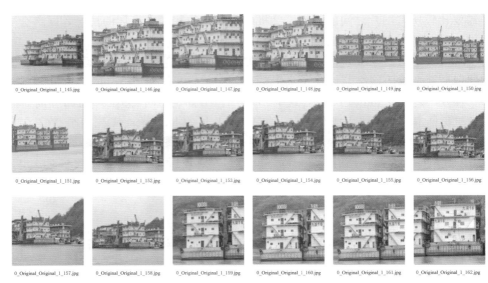

图 2.2-24　"船脸"识别数据集

（2）采砂船"船脸"识别效果。如图 2.2-25 所示，两艘不同采砂船的向量欧几里得距离为［距离=1.3447326］，其中距离值代表两张图像特征的欧几里得距离，值越小表示两张图像越像，门限值设为 0.5。

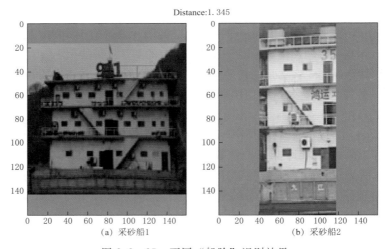

图 2.2-25　不同"船脸"识别效果

对于相同的两艘采砂船，其向量欧几里得距离为［距离=0.03558837］，如图 2.2-26 所示。

FaceNet 识别采砂船"船脸"正确率曲线如图 2.2-27 所示。

2.2.8　基于 RetinaFace+FaceNet 的河湖采砂船"船脸"识别

2.2.8.1　数据库的初始化

face_dataset 里面储存的是需要识别的"船脸"，在图片中看到的 JC16_1.jpg 就是

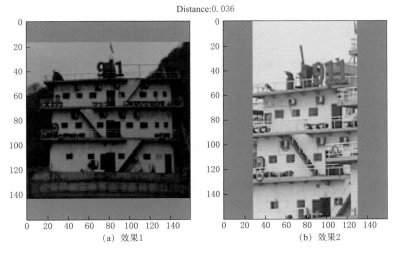

图 2.2-26 相同"船脸"识别效果

JC16 的第一张"船脸"图片，可以配置多张图片都指向 JC16，如 JC16＿2.jpg、JC16＿3.jpg，需要注意的是，face＿dataset 里面每张图片都只能包含一张"船脸"，即目标"船脸"。

数据库中每一张图片对应一艘船的"船脸"，图片名字中"＿"靠左的部分就是这艘船的名字。

数据库初始化指的是"船脸"数据库的初始化。

想要实现"船脸"识别，首先要明确需要识别哪些"船脸"，在这一步中，会将识别的"船脸"进行编码并放入数据库中。

数据库的初始化具体执行的过程如下：

（1）遍历数据库中所有的图片。

（2）利用 RetinaFace 检测每个图片中的"船脸"位置。

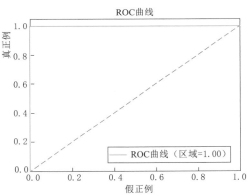

图 2.2-27 FaceNet 识别采砂船"船脸"
正确率曲线图

（3）将"船脸"截取下来。

（4）将获取到的"船脸"进行对齐。

（5）利用 FaceNet 将"船脸"进行编码。

（6）将所有"船脸"编码的结果放在一个列表中。

（7）保存成 npy 的形式。

第（6）步得到的列表就是已知的所有"船脸"的特征列表，在之后获得的实时图片中的"船脸"都需要与已知"船脸"进行比对。

2.2.8.2 检测图片的处理

（1）"船脸"的截取与对齐。常见的对齐方法有很多，在本书中使用两个窗户坐标进行旋正。利用两个窗户坐标进行旋正需要用到以下两个参数：

1）两个窗户连线相对于水平线的倾斜角。

2）图片的中心。

利用这两个参数可以知道需要图片旋转的角度是多少，图片旋转的中心是什么。

（2）利用 FaceNet 对矫正后的"船脸"进行编码。FaceNet 是一艘"船脸"特征获取的模型，将第 1 步获得的对齐"船脸"传入 FaceNet 模型就可以得到每艘"船脸"的特征向量。

（3）将实时图片中的"船脸"特征与数据库中的进行比对。这个比对过程需要循环实现，具体是对实时图片中的每一艘"船脸"进行循环：

1）获取实时图片中的每一艘"船脸"特征。

2）将每一艘"船脸"特征和数据库中所有的"船脸"进行比较，计算距离。如果距离小于门限值，则认为其具有一定的相似度。

3）获得每一张"船脸"在数据库中最相似"船脸"的序号。

4）判断这个序号对应的"船脸"距离是否小于门限，如果是，则认为"船脸"识别成功，判断就是这艘船。

根据上述 RetinaFace＋FaceNet 的河湖采砂船"船脸"识别流程，以鄱阳湖区域的采砂船为例，识别结果如图 2.2－28 所示。

（a）九江采16××识别效果　　　　　　（b）赣采01××识别效果

图 2.2－28　"船脸"识别效果

2.3　基于仿复眼感知的采砂行为识别跟踪技术

2.3.1　仿复眼感知技术原理

仿复眼感知技术属于机器视觉领域，在实现功能上模仿昆虫的复眼对物体进行识别。复眼具有广视角和快速识别感知能力，以果蝇为例，根据 Paulk 和徐梦溪等学者的文献可知，果蝇复眼视觉过程由光学、化学和神经处理等过程构成，包含视觉接收（感受）和认知两大部分。仿复眼能够感受到光强、光谱、颜色及偏振等光学信息，通过视网膜进入眼体，光感受和信号转导发生在感杆中，感杆束的轴突输入到薄板层，薄板连接视髓质，视髓质连接小叶及小叶板，最后接入中央脑（图 2.3－1）。

从图 2.3－1 中可知，复眼视觉系统从眼睛、薄板、视髓质、小叶及小叶板，经腹外侧神经髓（VLNP，位于腹外侧原脑区）再连接到中央脑。由薄板、视髓质、小叶及小叶

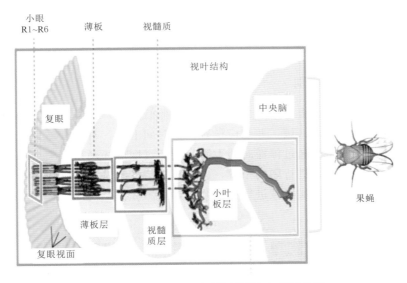

图 2.3-1　复眼视觉信息加工的神经通路

板四个部分组成的多层神经纤维网结构称为视叶结构，或称视叶神经节层，是把复眼的感光部和蝇脑联系起来的复杂神经网络。

　　仿复眼结构模拟类似果蝇复眼结构，是一个高度并行的信息加工系统，模拟从外周网膜到各级神经节都具有并行加工的能力，它是一个高度并行密集分布状、互相连接、具有自适应性、自组织能力以及容错能力的超级计算网络。仿复眼系统主要包括信息采集、信息处理和目标定位三部分。具体包括能获取运动目标场景信息的摄像机（CCD）和镜头、对图像或视频信号处理的视觉处理软件、实现目标定位的计算方法。该系统采用并行处理模式，每个摄像头都接入数字信号处理器，负责目标物体图像信息的处理和识别，相邻的两个摄像头通过图像比较器实现图像内容的并行处理。仿复眼系统的结构示意如图 2.3-2 所示。

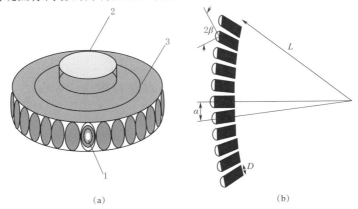

(a)　　　　　　　　　　　　　(b)

图 2.3-2　仿复眼系统的结构示意图

1—摄像机；2—DSP 数字图像处理系统；3—结构外框；L—摄像机所在的圆周半径；α—摄像机视轴中心线的夹角；β—摄像机的水平视角的一半；D—摄像机外壳直径

本书采用图 2.3-2 所示的仿复眼系统，利用仿复眼广视角优势能实现河湖复杂场景下的船只目标检测、跟踪，并快速做出反应，再利用提出的船只及采砂行为识别方法提升识别精度，提升采砂行为的智能化管理水平。

2.3.2 船只采砂行为判别

在船只检测识别的基础上，系统用户（即采砂监管人员）可以根据盗采偷运的河湖重点区域进行自定义配置警戒区域，并相应设置停滞时间上限，对驶入该警戒区域的涉砂船只，计算其静止的时间是否超过停滞时间上限，若超过则可怀疑为违法采砂船只，系统以弹窗的形式告知监管人员，进行联动报警，上传报警信息和自动拍摄的图像证据，形成合理的证据链。对设置好的警戒区域进行检测监控，如图 2.3-3 所示。

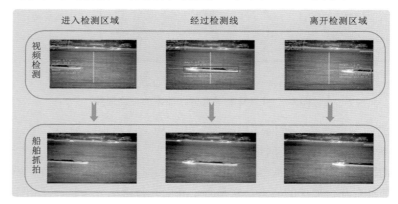

图 2.3-3 警戒区域船只检测识别示意图

违法采砂判别模块的判别逻辑如下：

（1）通过船只和"船脸"识别疑似盗采船只后，在船只进入警戒区域后一段时间内行驶速度接近于 0（采砂船只在采砂工作时位置几乎不会变动）。

（2）船只持续存在热点（发动机持续开启为采砂提供动力）。

如满足以上两个条件，则可判定出是盗采船只，自动判断为违法采砂嫌疑并预警，此时联动双光谱与可见光部分同时进行抓拍取证。违法采砂判别如图 2.3-4 所示，对可疑违法船只报警的功能示意图如图 2.3-5 所示。

2.3.3 基于仿复眼感知的采砂行为识别与跟踪技术

采砂行为智能识别及跟踪技术流程如图 2.3-6 所示。

基于仿复眼感知的采砂行为识别方法，包括仿复眼感知网络、超像素聚类、显著性计算三个部分，其特征为：所述的仿复眼感知网络在一次评估中直接从完整图像预测物体边界框和类别概率，理解场景获得船只感兴趣区域，在感兴趣区域上进行超像素聚类获得有感知意义的原子区域，通过显著性计算分离出属于物体的原子区域船只提取目标，具体步骤如下：

（1）获取原始彩色图像。

（2）将彩色图像送入仿复眼感知网络提取图像特征，进行目标框预测与类别判定。

图 2.3-4　违法采砂判别示意图

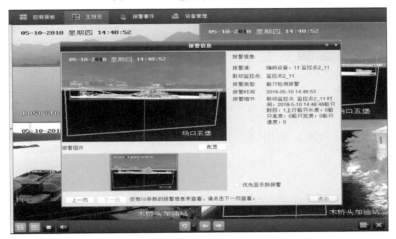

图 2.3-5　可疑违法船只报警功能示意图

（3）从图像中提取感兴趣区域。

（4）将感兴趣区域从 RGB 颜色空间转换到 Lab 颜色空间。

（5）对感兴趣区域像素进行超像素聚类，获得有感知意义的原子区域。

（6）在原子区域基础上进行背景检测。

（7）对背景检测结果进行优化，获得目标物体掩模。

在步骤（1）中，使用 RGB 彩色图像作为数据源，在将图像送入仿复眼感知网络前使用以下公式进行图像预处理：

$R=R/255$；$G=G/255$；$B=B/255$；其中，R、G 和 B 分别为 RGB 颜色空间的红、绿、蓝分量。

仿复眼感知网络使用卷积核为 3×3 的卷积层、批量归一化层、缩放层和修正线性单元激活层作为基础的特征提取模块，前五个模块后面紧跟一个步长为 2、尺寸为 2×2 的最大池化层；最后一个模块由卷积核为 1×1 的卷积层、批量归一化层、缩放层和线性激活层组成；在最后一个模块的输出结果之上进行逻辑回归激活和多项逻辑回归激活，以实

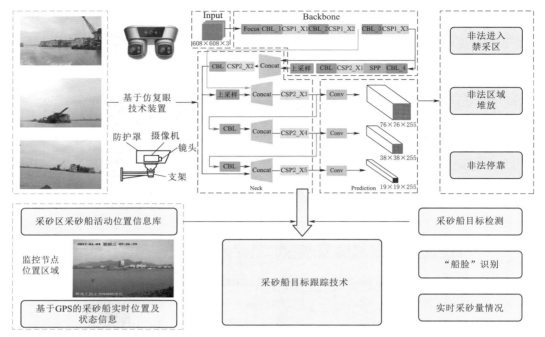

图 2.3 - 6　采砂行为智能识别及跟踪技术流程

现目标框和类别概率的预测，使用公式为

$$y = \frac{1}{1 + e^{-x}} \tag{2.3 - 1}$$

$$P = \frac{e^{x_k - x_{max}}}{\sum_{k=0}^{K-1} e^{x_k - x_{max}}} \tag{2.3 - 2}$$

式中：x 为输入值；y 为逻辑斯谛激活值；x_k 为第 k 个类别对应的输入值；P 为类别概率；K 为总的类别个数。

最后一层卷积使用 1×1 的卷积核实现线性回归计算，由此得到的 13×13 像素 50 通道图像可理解为平行分布的 13×13 个检测器，每个检测器可识别五类物体。获取的边界框信息值范围为 $0 \sim 1$，位置信息为相对检测器的偏移量。按比例缩放可获得图像中物体框。在步骤（3）中，使用 0.2 作为目标概率阈值，0.5 作为交叠率阈值进行非极大值抑制，选取预测框对其长宽放大 0.5 倍作为图像感兴趣区域。在步骤（4）中，将感兴趣区域从 RGB 颜色空间转换到基于生理特征的 Lab 颜色空间。在步骤（5）中，使用 K-means 聚类生成超像素。初始化参数为聚类中心的数量 z，使用固定的网格空间对图像进行划分，在各个网格空间内随机采样聚类中心，网格间隔计算公式为

$$s = \sqrt{M/z} \tag{2.3 - 3}$$

式中：S 为网格间隔；z 为聚类中心初始化个数；M 为图像像素总数。

两个像素间的距离公式为

$$D = \sqrt{d_c^2 + \left(\frac{d_s}{S}\right)^2 m^2} \tag{2.3 - 4}$$

式中：d_c 和 d_s 分别为两像素间的颜色距离与空间距离；S 为聚类中心初始化时的网格尺寸；m 为常数，用于调整颜色相似与空间相近重要性之间的权衡，其中颜色距离与空间距离可使用简单的欧拉距离，也可根据场景进行设计。

在初始化聚类中心之后，分配步骤中每个像素与最近的聚类中心相关联，一旦每个像素都被分配到最近的聚类中心，则更新步骤，并将聚类中心调整为属于该聚类中心的所有像素的平均特征向量。聚类终止条件为聚类迭代次数达到上限或者达到聚类评价指标。每个像素点的特征向量为

$$\boldsymbol{P}_i = \left[\boldsymbol{l}_i , a_i , b_i , x_i , y_i \right]^{\mathrm{T}} \tag{2.3-5}$$

式中：l_i、a_i 和 b_i 分别为像素点在 Lab 颜色空间中对应的三通道的值；x_i 和 y_i 为像素点在图像中的位置坐标。

在步骤（6）中，求解相反的问题来实现目标识别，使用背景检测方法检测感兴趣区域内属于背景的感知原子区域。通过场景理解已知目标类别与目标所在区域信息，下一步的任务即需要对图像的细节进行关注；可以通过相反的思路来从其中提取出目标物体，即通过背景检测实现前景与背景分离。显著性检测的特点即关注于低级线索的提取与利用，与图像细节理解的目标相一致，此处使用鲁棒的边界连接性检测检测背景信息，公式为

$$Bcon(R) = \frac{|\{p \mid p \in R , p \in B\}|}{\sqrt{|\{p \mid p \in R\}|}} \tag{2.3-6}$$

式中：$Bcon(R)$ 为区域 R 的边界连接性，该值越大表示区域 R 为背景的显著性越大；p 为一个图像块；B 为一个图像边界的集合。

此方法虽然易于理解但是难以直接进行，由于图像分割本身仍是一个具有挑战性且并未解决的问题，使用一种近似方法，即在超像素聚类的结果上进行显著性检测。

超像素捕获图像冗余提供了具有感知意义的原子区域，通过将相邻的超像素关联并使用两个超像素平均颜色的欧拉距离作为连接权重，可获得一个无向加权图。基于超像素的边界连接性可通过下式计算：

$$Area(p) = \sum_{i=1}^{N} S(p, p_i) \tag{2.3-7}$$

$$Len_B(p) = \sum_{i=1}^{N} S(p, p_i) \cdot \delta(p_i \in B) \tag{2.3-8}$$

$$Bcon(p) = \frac{Len_B(p)}{\sqrt{Area(p)}} \tag{2.3-9}$$

式中：$Bcon(p)$ 为超像素 p 的边界连接性；$S(p, p_i)$ 为超像素之间的距离；N 为超像素的总个数；$\delta(p_i \in B)$ 表示如果超像素属于边界区域则其值为 1，否则为 0；$Area(p)$ 为超像素 p 的区域跨度，$Len_B(p)$ 表示超像素 p 边缘与边界的连通性。

在步骤（7）中，对背景检测的显著性结果进行优化，目标损失函数设计为对目标物体区域赋值为 1，而对背景区域赋值为 0，损失函数如下：

$$loss = \sum_{i=1}^{N} \omega_i^{bg} s_i^2 + \sum_{i=1}^{N} \omega_i^{bg} (s_i - 1)^2 + \sum_{i,j} \omega_{ij} (s_i - s_j) \tag{2.3-10}$$

$$\omega_{ij} = e^{-\frac{d^2_{app}(p_i, p_j)}{2\sigma^2_{cb}} + \mu}$$

$$(2.3-11)$$

式中：s 为优化后的显著性值；ω^{bg} 为背景显著性权重；ω^{fg} 为目标物体显著性权重，ω_{ij} 为任意两超像素显著性差异的权重，ω_{ij} 在平面区域很小而在边界区域很大；d_{app} 为两区域平均颜色的欧拉距离，σ_{clr} 的取值范围为 $5\sim15$，μ 为常量，对杂乱的图像区域进行规则化，对优化结果进行二值化获得目标掩模。为了验证本方法的可行性，本书选取了部分网上的图片数据集进行测试。检测结果表明，该方法能够在非结构化环境下实现目标识别，且冗余计算少、速度快，流程简单容易理解，并能根据场景对其中的模块进行针对性优化。

　　近年来，随着城市建设的加快，河砂的需求量逐渐增大，在利益的驱使下无证开采、乱采滥挖等非法采砂现象变得十分严重，虽然有关部门持续加强对非法采砂行为的管控，但仍有许多不法分子铤而走险，非法采砂行为主要有：①使用违规采砂船只进行采砂；②在限定范围之外进行采砂；③采砂量超过限定范围。

　　目前，在对非法采砂船的监管中，采用的方法一般是检查人员人工巡视检查以及通过对摄像头拍摄的视频进行图像处理的方法来识别，但是由于非法采砂船往往采用夜间作业、或是流动作业等方式来逃避检查人员的巡查，而图像处理的方法易受水面其他船只的影响而导致错判，不能有效地对非法船只进行监测。对采砂量的判断，一般则是基于经验简单估算或是通过运砂车数量统计砂石等方式。这种方式不能有效地计算采砂船的实际开采值，计量误差较大，造成资源的流失，基于以上对非法采砂监测的难题，本系统结合仿复眼感知技术、深度学习"船脸"识别算法与采砂量智能监测系统协同检测识别采砂行为，具体步骤如下：

　　S1：江面岸边摄像头拍摄采砂区域内的船只，通过复眼感知，使用改进 YOLOv4 - tiny 的模型实时对船只进行识别，当识别出是采砂船时则进行图片的保存。

　　S2：将 S1 保存的采砂船图像传入 RetinaFace＋FaceNet 网络中进行串联识别，并与数据库中的船只图像进行对比，如果识别到陌生采砂船只时对当前画面进行截图保存，并向服务器发送预警信息。

　　S3：采砂量智能监测系统自带 GPS 定位功能，每间隔 3min 检测一次当前位置的经纬度坐标，判断当前位置是否超出限定范围。

　　S4：如果否，则转至 S5；如果是，判定为非法区域采砂，向服务器发送报警信号，并将该采砂船当前经纬度坐标上报到云服务器。

　　S5：采砂量智能监测系统中的嵌入式微处理器采集振动传感器的信息，首先判断振动传感器的三轴振动值是否大于设置的阈值，阈值大小根据采砂船在不采砂的工作状态下获取的振动值来确定。

　　S6：如果是，再连接 5min 采集振动传感器三轴振动值信息，在此期间所有振动值都大于设置阈值，则转至 S8。

　　S7：如果否，转至步骤 S1。

　　S8：采砂量智能监测系统中的嵌入式微处理器采集光电传感器信息，根据光电传感器的激光漫反射光电开关信息，判断采砂的砂斗数量是否大于 2 斗。

　　S9：如果是，则判定采砂船处于采砂工作状态，并连续采集光电传感器的信息。在获取到光电传感器的同时，立即启动超声波传感器并采集测距信息，根据测距信息计算出斗中砂石高度以及已知的该区域砂石密度乘以砂石体积，计算出该砂斗的砂石质量，然后通过 4G 无线通信模块发送砂斗的砂石质量数据至云服务器，当超过设定值时，判定为非法超采行为，向云服务器发送预警信息。

采砂行为识别流程如图 2.3 - 7 所示。

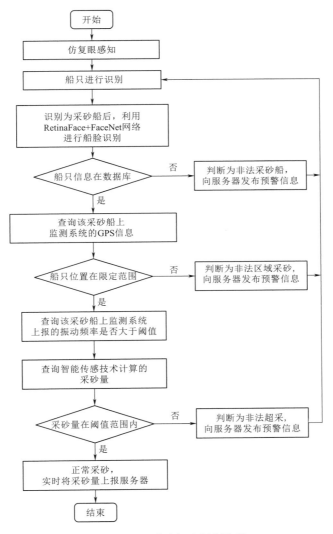

图 2.3 - 7　采砂行为识别流程

2.4　本章小结

本章重点提出了基于机器视觉方法的采砂船识别技术、采砂船"船脸"识别技术以及基于仿复眼感知的采砂行为识别技术。在识别方面，能精准识别采砂船只外形特性，分析采砂船只活动规律，构建出采砂船只图像及采砂行为数据库，通过对违法采砂行为的智能化判别，实现自动取证并报警，创建出以船只识别监控技术为基础的河湖采砂执法监管新模式，对比以往传统的监管模式节省了人力资源，提升了执法效率，极大减轻了一线采砂执法监管人员的工作压力。

第3章

多元传感器协同感知的采砂量实时监测技术

目前采砂量计算主要采用水下量测或简单运砂船数量统计等方法，存在计量不准确、动态监管难等问题。针对上述问题本书提出了多类传感器采砂识别装置状态融合的采砂量监测技术。该技术融合多类传感器进行采砂装置信息采集，利用智能信息分析与处理方法，建立了基于最优估计算法的采砂量精确计算，具体内容包括传感器数据采集、智能处理与分析、采砂量检测与计算等。

根据采砂船挖掘机装置的特点，该技术首先分析采砂斗数与采砂挖掘机链斗参数的相互关系，建立采砂船二级链斗和一级链斗传感器数据采集融合模型（二级链斗采用光电传感器＋电磁感应、一级链斗采用超声波传感器＋光电传感器），实现了采砂装置多状态信息采集；其次，基于动态阈值计算、工作状态判断、斗数关系分析等智能分析与处理方法，排除异常干扰信息或虚假故障信息；最后通过卡尔曼滤波算法及 K - means 算法进行采砂量检测与计算，利用反馈迭代方法计算出采砂量的精确结果，实现采砂量的实时监测。

3.1 采砂量过程智能监测系统构成

3.1.1 采砂量过程智能监测目标

目前，河湖采砂管理技术手段不足、管理人力缺乏致使可采区采砂现场监管力度不够，采砂量和采砂范围难以控制，采砂现状管理不能真正满足新形势和新制度的要求。河湖采砂通过采砂船进行水下作业，采砂船开采方式有挖斗式和吸泥式。采砂船只的流动性大，且常靠岸作业，采砂时的挖掘及采砂后留下的沙坑都会对堤脚造成扰动和损伤，因此采砂船即使是在规定时间、规划区域内也不能在同一点过量采砂。在河湖采砂管理中，需要掌握采砂船的工作时间，防止超时限开采。

因此，采砂量智能监测目标是为了实现采砂现场对采砂人员采砂量的监控，督促其在规定的时间和范围内进行规范采砂，应用最新智能传感和智能信息处理技术，建立河湖采砂量动态智能监测系统。

3.1.2 采砂量过程智能监测架构

采砂量过程智能监测系统的硬件集成主要包括船载监测设备、重要水域视频监测设备及应用服务器，系统架构如图 3.1-1 所示。采砂量智能监测主要由采砂量监测智能传感器、船载监测设备、岸边视频监控设备、船载监测主机、采砂监测服务器、远程采砂监测服务器、Web 应用服务器以及用户显示终端组成，从功能角度来划分，系统中与硬件技术关系更为密切的是采砂现场监测管理和图像视频监控，以及支撑基础信息、统计报表和系统管理运行的计算机网络平台。相关的系统集成技术涉及子系统的系统设计、设备选型、接口技术、通信组网和结构化布线、组装调试和系统测试等。硬件集成采用的主要技术有接口技术、测站集成技术、通信组网技术和中心集成技术等。系统采用从布设在各采砂船上的船载监测设备至船载监测主机、至分中心、再至中心，逐级运用硬件连接与集成技术实施系统硬件体系的集成。

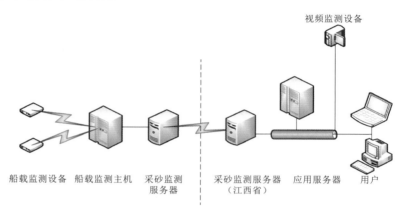

图 3.1-1　采砂量智能监测系统架构

3.2　采砂量过程智能监测关键技术

3.2.1　采砂量过程智能传感技术

智能传感器（intelligent sensor）是具有信息处理功能的传感器。智能传感器带有微处理机，具有采集、处理、交换信息的能力，是传感器集成化与微处理机相结合的产物。与一般传感器相比，智能传感器具有以下 3 个优点：通过软件技术可实现高精度的信息采集，而且成本低；具有一定的编程自动化能力；功能多样化。

智能传感器能将检测到的各种物理量储存起来，并按照指令处理这些数据，从而创造出新数据。智能传感器之间能进行信息交流，并能自我决定应该传送的数据，舍弃异常数据，完成分析和统计计算等。基于多类传感器的采砂量动态监测技术流程图如图 3.2-1所示。

（1）传感器框架结构。传感器上传原始信息到前端处理器 HZK-S（见图 3.2-2），其中上传的数据包含传感器计算的斗数，原因是上传斗数的周期是 1min，而每 1min 包含 120 次检测，每次检测包含 25 次扫描，传感器计算的斗数是每次检测通过两个传感器取"或"的关系得到的斗数。然而这个方式无法在 HZK-S 上实现，所以上传一个传感器计

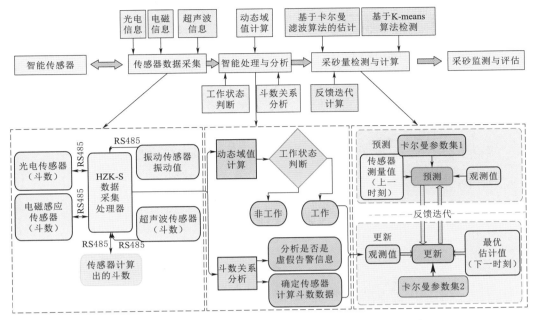

图 3.2-1 基于多类传感器的采砂量动态监测技术流程图

算斗数作为参考。

在进行监测时，综合运用三类传感器，其组合方式有两种：二级链斗采用光电传感器＋电磁感应、一级链斗采用超声波传感器＋光电传感器。图中为达到直观的效果将三个传感器并列放在一起。

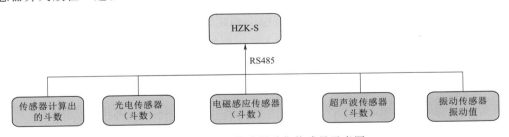

图 3.2-2 智能传感器采集传感量示意图

（2）传感器的动态阈值。首先对采集到的距离参数进行滤波处理，然后利用一维寻峰算法对截取处理后的部分波形进行计算，从而得到波峰与波谷的值，取波峰与波谷的中值作为阈值参考值，重复计算 10 次，平均之后的阈值成为当前 1min 的计算阈值。依此类推，不断循环。

（3）工作状态判断方式。当振动传感器的持续时间和振动值以及砂斗斗数传感器采集到的斗数同时满足指定条件时，智能传感器判定采砂船为工作状态（见图 3.2-3）。

（4）各个传感器之间斗数关系。上传的传感器本地计算的斗数是每一个检测周期的斗数之和，所以是传感器在测量能力范围内能测到的最大斗数，以此为基数对其他传感器进行比较逻辑判断（见图 3.2-4）。上传传感器告警信息包括三个传感器异常损坏情况。

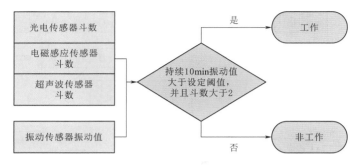

图 3.2 - 3 采砂船采砂工作状态判断方式

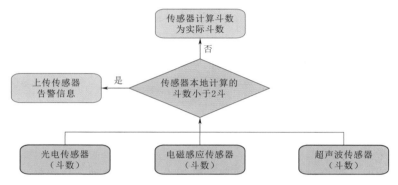

图 3.2 - 4 各个传感器之间斗数关系

（5）产量计数判定。将光电传感器、电磁感应传感器、超声波传感器反馈的挖砂斗数以及振动传感器监测到的振动频率值进行综合判定，当传感监测对象工作持续 10min 以上，且振动值大于设定的阈值，斗数大于 2 时，则判定正在采砂作业，传感器反馈的挖砂斗数有效，计入产量（见图 3.2 - 5）。

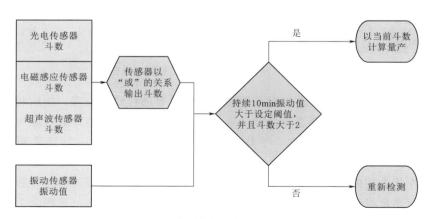

图 3.2 - 5 采砂传感器产量计数判定流程

3.2.2 采砂量检测技术及算法

3.2.2.1 采砂量检测技术原理

产量计算原理：每艘采砂船的挖斗体积是固定的，根据开采区域的砂石密度（由采区砂石品质决定），可以估算出每个挖斗的作业时的挖砂质量，通过传感监测装置获取的挖斗数量，乘以单位挖斗的挖砂量，即可得到一次采砂作业中的采砂量。

对采砂挖斗的常规计算方法如下：

（1）采用智能传感器计数，统计砂石采集斗数。

（2）采用智能传感器测距，测量斗中砂石高度。

（3）计算砂斗中砂石的体积。

通过传感器测量出砂斗中无砂石部分的高度 h_1，计算出砂斗无砂石部分的体积，用砂斗总体积减去无砂石部分的体积即为此砂斗中所采砂石的体积（见图 3.2－6）。采用该采区的砂石密度，计算该砂斗中的砂石质量。

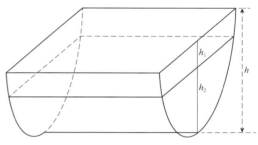

图 3.2－6　砂斗体积量算示意图

通过已知的该区域砂石密度乘以砂石体积，即可计算出该砂斗的砂石质量。

3.2.2.2 基于卡尔曼滤波的采砂量计算方法

1. 算法概述

卡尔曼滤波是去除噪声还原真实数据的一种数据处理技术，卡尔曼滤波在测量方差已知的情况下，能够从一系列存在测量噪声的数据中，估计动态系统的状态。卡尔曼滤波实质上就是基于观测值以及估计值二者的数据对真实值进行估计的过程。

2. 算法模型分析

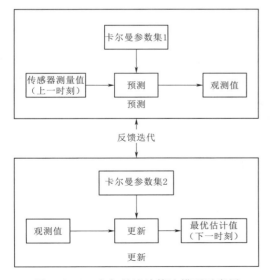

图 3.2－7　卡尔曼滤波算法模型示意图

（1）应用于链斗传感器的卡尔曼滤波算法框架。卡尔曼滤波对计算量需求非常低，同时又能达到很好的滤波结果。卡尔曼滤波算法模型如图 3.2－7 所示。

由于采砂料斗中的传感器需要在有较大噪声和灰尘的恶劣环境中工作，因此所面临的干扰因素较为复杂。采用卡尔曼滤波算法能够有效地减少这些环境因素造成的干扰，进而更准确地追踪到真实的测量数据，提高系统的环境适应性和计量精度；卡尔曼滤波算法对计算量需求非常低，现场传感器主控芯片为单片机，计算能力非常有限，所以选用卡尔曼滤波算法更为适合。

（2）应用于链斗传感器的卡尔曼滤波算

法分析。链斗传感器能够采集得到采砂船料斗与传感器距离变化值 $\bar{X} = \begin{bmatrix} \boldsymbol{P} \\ \boldsymbol{V} \end{bmatrix}$，在已知上一

时刻的最优估计值 $\hat{X}_{k-1}$ 以及它的协方差矩阵 $\boldsymbol{P}_{K-1}$ 的条件下（初始值可以随意取，但协方差矩阵应为非 0 矩阵），则有 $\boldsymbol{P}_k = \boldsymbol{P}_{k-1} + \Delta t V_{k-t}$，$\boldsymbol{V}_k = \boldsymbol{V}_{k-t}$，即

$$\hat{\boldsymbol{X}}_k = \begin{bmatrix} 1 & \Delta t \\ 0 & 1 \end{bmatrix} \hat{\boldsymbol{X}}_{k-1} = \boldsymbol{F}_k \hat{\boldsymbol{X}}_{k-1} \tag{3.2-1}$$

此时

$$\boldsymbol{P}_k = \mathrm{cov}(F_k \hat{\boldsymbol{X}}_{k-1}) = \boldsymbol{F}_k \mathrm{cov}(\hat{\boldsymbol{X}}_{k-1}) \boldsymbol{F}_k^{\mathrm{T}} = \boldsymbol{F}_k \boldsymbol{P}_{k-1} \boldsymbol{F}_k^{\mathrm{T}} \tag{3.2-2}$$

如果加入额外的控制量，如距离变化率 a，此时

$$\boldsymbol{P}_k = \boldsymbol{P}_{k-1} + \Delta t V_{k-1} + \frac{1}{2} \Delta t^2 a, \boldsymbol{V}_k = \boldsymbol{V}_{k-1} + \Delta t a$$

$$\hat{\boldsymbol{X}}_k = \boldsymbol{F}_k \hat{\boldsymbol{X}}_{k-1} + \begin{bmatrix} \dfrac{\Delta t^2}{2} \\ \Delta t \end{bmatrix} a = \boldsymbol{F}_k \hat{\boldsymbol{X}}_{k-1} + \boldsymbol{B}_k \bar{U}_k \tag{3.2-3}$$

同时，系统的估计值并非完全准确，例如采砂船突然抖动，即存在一个协方差为 Q 的噪声干扰。因此，需要对 $\boldsymbol{P}_k$ 加上系统噪声 Q_k 来保证描述的完备性。综上，预测步骤的表达式为

$$\hat{\boldsymbol{X}}_k = \boldsymbol{F}_k \hat{\boldsymbol{X}}_{k-1} + \boldsymbol{B}_k \bar{U}_k \tag{3.2-4}$$

$$\boldsymbol{P}_k = \boldsymbol{F}_k \boldsymbol{P}_{k-1} \boldsymbol{F}_k^{\mathrm{T}} + Q_k \tag{3.2-5}$$

由于误差累积的作用，单纯对系统进行估计会导致估计值越来越偏离，因此以传感器的观测数据对估计值进行修正，可以用与预测步骤类似的方法将估计值空间映射至观测值空间：

$$\bar{u}_{\mathrm{estimated}} = H_k \hat{\boldsymbol{X}}_k \tag{3.2-6}$$

$$\textstyle\sum_{\mathrm{estimated}} = H_k \boldsymbol{P}_k H_k^{\mathrm{T}} \tag{3.2-7}$$

假设观测值为 $\bar{Z}_k$。同时由于观测数据同样会存在噪声干扰问题，例如传感器噪声等，将这种噪声的分布用协方差 R_k 表示。此时，观测值（$\bar{Z}_k$，R_k）与估计值（$\bar{U}_{\mathrm{estimated}}$，$R_k$）处于相同的状态空间，但具有不同的概率分布。这两个概率分布的重叠部分，会更加趋近系统的真实数据，即有更高的置信度，例如估计的距离是 7～10cm，传感器反馈的距离是 8～12cm，则有理由认为传感器的实际距离更趋近于 8～10cm 区间。

这里将观测值与估计值两个分布的高斯分布相乘，其结果的高斯分布描述为

$$K = \textstyle\sum_0 (\textstyle\sum_0 + \textstyle\sum_1)^{-1} \tag{3.2-8}$$

$$\bar{u} = \bar{u_0} + k(\bar{u_1} - \bar{u_0}) \tag{3.2-9}$$

$$\textstyle\sum = \textstyle\sum_0 - k \textstyle\sum_0 \tag{3.2-10}$$

式中：$\sum$ 为描述高斯分布的协方差；$\bar{u}$ 为高斯分布的均值；K 为卡尔曼增益矩阵。

将估计值（$\bar{u}_0$，$\sum_0$）$= (H_k \hat{\boldsymbol{X}}_k, H_k \boldsymbol{P}_k H_k^{\mathrm{T}})$ 以及观测值（$\bar{u}_1$，$\sum_1$）$= (\bar{Z}_k, R_k)$ 代入式（3.2-8）式（3.2-10），可以得到：

$$K=H_k P_k H_k^T (H_k \boldsymbol{P}_k H_k^T + R_k)^{-1} \tag{3.2-11}$$

$$H_k \widetilde{X}_k = H_k \hat{X}_k + K(\bar{Z}_k - H_k \hat{X}_k) \tag{3.2-12}$$

$$H_k P'_k H_k^T = H_k P_k H_k^T - K H_k P_k H_k^T \tag{3.2-13}$$

式中：K 为卡尔曼增益。

将式（3.2-11）～式（3.2-13）中约去 H_k，并化简可得

$$K' = P_k H_k^T (H_k P_k H_k^T + R_k)^{-1} \tag{3.2-14}$$

$$\hat{X}'_k = \hat{X}_k + K'(\bar{Z}_k - H_k \hat{X}_k) \tag{3.2-15}$$

$$P'_k = P_k - K' H_k P_k \tag{3.2-16}$$

$\hat{X}'_k$ 即为所得到的最优估计值，同时 P'_k 为其对应的协方差矩阵。在实际应用中，只需要使用式（3.2-4）、式（3.2-5）以及式（3.2-14）～式（3.2-16）这 5 个方程即可实现完整的卡尔曼滤波过程。

如图 3.2-8 所示，蓝色曲线为传感器实际测量值，红色曲线为卡尔曼滤波之后的值。形成更为平滑的曲线，波峰波谷清晰。这样便于运用 K-means 算法进行下一步计算。

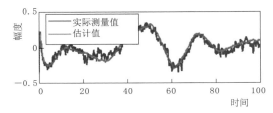

图 3.2-8　卡尔曼滤波值与传感器值对比图

3.2.2.3　基于 K-means 算法的采砂量计算方法

1. 算法概述

K-means 算法是基于划分聚簇最为经典的方法，是十大经典数据挖掘算法之一。在没有任何监督信号的情况下将数据分为 k 份的一种方法。

2. 应用于传感器的 K-means 算法

K-means 算法又名 k 均值算法。其算法思想大致为：先从样本集中随机选取 k 个样本作为簇中心，并计算所有样本与这 k 个"簇中心"的距离，对于每一个样本，将其划分到与其距离最近的"簇中心"所在的簇中，对于新的簇计算各个簇的新的"簇中心"。

根据以上描述，实现 K-means 算法的主要点是：①簇个数 k 的选择；②各个样本点到"簇中心"的距离；③根据新划分的簇，更新"簇中心"。

在数据集中根据一定策略选择 k 个点作为每个簇的初始中心，然后观察剩余的数据，将数据划分到距离这 k 个点最近的簇中，也就是将数据划分成 k 个簇完成一次划分，但形成的新簇并不一定是最优划分，因此在生成的新簇中，重新计算每个簇的中心点，然后再重新进行划分，直到每次划分的结果保持不变。在实际应用中往往经过很多次迭代仍然达不到每次划分结果保持不变，甚至因为数据的关系，无法达到这个终止条件，此时往往采用变通的方法设置一个最大迭代次数，当达到最大迭代次数时，终止计算。

3. 链斗传感器中的 K-means 算法及实现

将传感器采集数据从时间-数值坐标系映射空间坐标 $X-Y$，其中传感器数值在空间坐标系 $X-Y$ 中表征着与坐标原点的距离，在链斗传感器中 $k=2$，可以将传感器采集的

数据分为波峰与波谷两类，这样就将 K - means 分类算法包装成了寻峰算法，波峰的数量即为砂斗的数量。

（1）k 值的选择。k 的选择一般是按照实际需求决定，链斗传感器实现算法时直接给定 $k=2$。

（2）有序属性距离度量。距离的度量给定样本：

$$x^{(i)} = \{x_1^{(i)} + x_2^{(i)}, \cdots, x_n^{(i)}\} \text{ 与 } x^{(j)} = \{x_1^{(j)}, x_2^{(j)}, \cdots, x_n^{(j)},\}$$

其中 i、$j = 1, 2, \cdots, m$，表示样本数，n 表示特征数欧氏距离（Euclidean distance），即当 $p=2$ 时的闵可夫斯基距离：

$$dist_{ed}(x^{(i)}, x^{(j)}) = \| x^{(i)} - x^{(j)} \|_2 = \sqrt{\sum_{u=1}^{n} | x_u^{(i)} - x_u^{(j)} |^2} \qquad (3.2-17)$$

更新"簇中心"：对于划分好的各个簇，计算各个簇中的样本点均值，将其均值作为新的簇中心。

（3）K - means 算法过程。

1）把所有数据初始化为一个簇，将这个簇分为两个簇。

2）选择满足条件可以分解的簇。选择条件综合考虑簇的元素个数以及聚类代价（即误差平方和 SSE），误差平方和的公式如下所示，其中 w_i 表示权重值，$y_i - y^*$ 表示该簇所有点的平均值。

$$SSE = \sum_{i=1}^{n} W_i (y_i - y^*)^2 \qquad (3.2-18)$$

3）使用 K - means 算法将可分裂的簇分为两簇。

4）一直重复步骤 2）、3），直到满足迭代结束条件。

（4）K - means 算法实现。首先对采集到的距离数据进行卡尔曼滤波处理，然后利用 K - means 聚类寻峰算法对截取处理后的波形进行计算，对此算法加以训练可以把波峰和波谷区分出来，从而计算出链斗经过的个数。

4. 应用于传感器的 K - means 算法优势

（1）适应性强。适应不同的采砂船环境，由于链斗抖动较大，经过传感器的距离差异很大，使用 K - means 分类可有效解决计数误差。适应不同的传感器，此算法可用于超声波传感器、红外传感器、电磁感应传感器，无须设置参数。

（2）计算量相对较小。

（3）计数准确。

（4）生产周期短。计数的方式是波峰与波谷的寻找，使用传感器的相对值计算，出厂即可使用，无须设置阈值参数。

3.3　采砂量过程智能监测装置及部署策略

3.3.1　智能监测装置硬件结构

装置由主控板和电源板两大部分组成，其中主控板直接控制远程停机控制器、摄像机等设备，接收 GPS 设备、计数传感器及 4G 通信设备返回的数据；电源板可通过市电、太阳能电源或 12V 蓄电池进行供电（见图 3.3-1）。

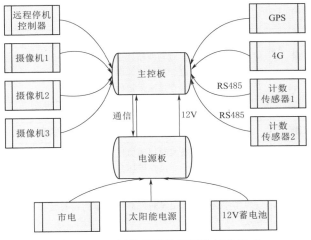

图 3.3-1　智能监测装置硬件结构组成

3.3.2　部署策略

采砂智慧监测装置布设方案如图 3.3-2 所示。

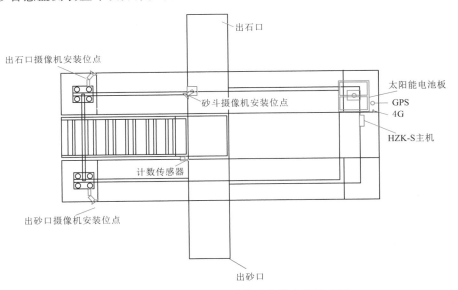

图 3.3-2　采砂智慧监测装置布设方案示意图

3.3.3　主要功能

3.3.3.1　采砂控制器功能

采砂控制器功能和参数见表 3.3-1 和表 3.3-2。

表 3.3 - 1 采 砂 控 制 器 功 能

序号	功能名称	功 能 描 述
1	远程控制功能	接收上位机发送的开采计划指令，超时段、超区域、超船数开采预警指令，对采砂船作业人员进行声光电告警
2	采砂作业数据采集功能	通过各种传感器，对不同作业方式的各类采砂船进行数据采集，计算其开采时间、开采区域，实时判断超计划、超时段、超区域作业预警，控制摄像机即时取证，并将预警信息、抓拍图片和视频上传到用户中心，用于实时监控采砂船舶的开采状态，及时保存违法采运砂作业证据
3	采砂船定位功能	将采砂船的经度、纬度等信息上传到用户中心，用于掌握采砂船航行/作业轨迹
4	安全认证功能	包括验证上位机身份和权限，防止被非法和越权操作现场控制器
5	视频监控功能	现场控制器具备实时视频监控采砂船和邻近运砂船采砂、装载作业，能够接收上位机的调控指令，监控破坏自身设备的行为和人员，并将图像和视频上传到用户中心，用于实时监控采砂作业、运砂作业的态势，形成采砂作业证据支撑
6	数据补发功能	现场控制器能够记录断网后所采集的所有数据，并在网络连通后自动向中心补发
7	设备自检功能	定期或按指令对设备进行自检，及时向上位机报告自身状态，便于跟踪监控设备状态，及时处理设备故障等问题，确保各项监控功能正常工作

表 3.3 - 2 采 砂 控 制 器 参 数

序号	参数名称	规 格 参 数
1	嵌入式系统	采用工业级嵌入式设计
2	供电方式	支持市电、蓄电池和太阳能三种供电方式
3	通信方式	移动 4G（TD - LTE）/联通 4G（TD - LTE/FDD - LTE）/电信 4（TD - LTE/FDD - LTE），移动 3G（TD - SCDMA）/联通 3G（WCDMA）/电信 3G（CDMA）；移动 2G/联通 2G（GSM）/电信 2G（CDMA）
4	定位精度	支持 GPS、GLONASS、北斗（BDS）定位，定位精度误差≤5m
5	抗震性	频率 10～150Hz，加速度 $2m/s^2$
6	续航时间	断电续航时间≥168 小时
7	配备模块	非接触射频读写模块、全真彩触控显示模块、功率跟踪模块、视频模块、防浪涌保护模块、漏电保护模块、信号磁隔离模块、硬件看门狗模块、RTC 实时时钟模块、实时工作状态检测和告警模块

3.3.3.2 采砂传感器功能

采砂传感器功能和参数见表 3.3 - 3 和表 3.3 - 4。

表 3.3 - 3 采 砂 传 感 器 功 能

序号	功能名称	功 能 描 述
1	自动计算功能	通过感知采砂船工作时采砂链斗的运转速度与数量、特定机构的加速度，计算采砂船工作状态、采砂时间和采砂量
2	数据传输功能	将感知数据通过 RS485 或 RJ45 以太网接口传输到上位机
3	双工作模式功能	双传感器适度功能融合，支持堆叠和级联两种工作模式

序号	功能名称	功 能 描 述
4	自动休眠功能	支持自动休眠模式，最大限度节省能耗
5	设备自检功能	定期或按指令对设备进行自检，及时向上位机报告自身状态，便于跟踪监控设备状态，及时处理设备故障等问题，确保各项监控功能正常工作

表 3.3 - 4　　　　　　　　　　　采 砂 传 感 器 参 数

序号	参数名称	规 格 参 数
1	计量范围	0～100 斗/min
2	加速度测量范围	多轴加速度测量范围为±30g

3.4　采砂量智能监测系统硬件实现

3.4.1　系统构成

采砂量智能监测系统设计应当遵循实用性、安全性、便利性、规范性等原则，在设计中，选用微型智能芯片 STM32F103RCT6 作为系统主控芯片，通过 HCNR201、PC817 等芯片构成模拟量与开关量输入电路，使用芯片 SP3485EEN 构成的 RS485 电路、使用 ATGM336H 芯片构成的 GPS 电路等传感器电路；系统具有采集模拟量及开关量信号、解析 modbus 协议的功能，可对市面上绝大多数传感器进行数据采集，采集解析后可再使用 EC20 芯片通过 4G 网络将信号上传至云平台进行展示（见图 3.4 - 1～图 3.4 - 5）。

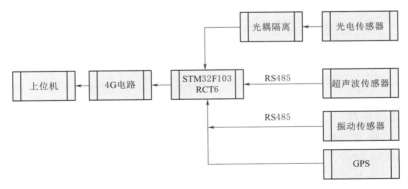

图 3.4 - 1　系统框图

3.4.2　信号采集与供电电路

在进行采砂过程检测与采砂计量过程中，需要用到相关的智能传感器协助完成采集检测工作。在本系统中，需要进行检测的有三部分：①检测采砂系统是否进行工作；②检测链斗是否正常采砂；③每次的采砂量是否满足要求。对此，采用振动传感器检测系统是否正常运行，采用光电传感器检测链斗是否正常采砂，采用超声波传感器检测采砂量的

(a) 正面

(b) 背面

图 3.4 - 2　主控板实物图

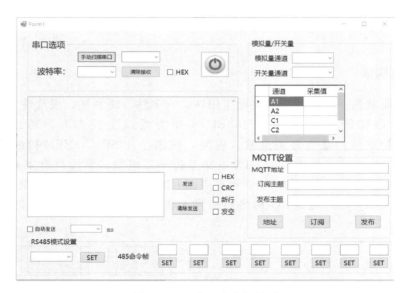

图 3.4 - 3　串口上位机界面

大小。

3. 4. 2. 1　振动传感器

系统设计思路为：当振动传感器检测到振动信号时，有两种情况，一种由自然界的其他因素导致的细微振动，另一种是采砂系统正在工作。因此在检测到振动信号后会开始计时，只有当超过设定的时间后还在发生振动并且振动参数大于提前设定的阈值时，才会判定系统正在运行。

振动传感器是一种能感应振动力大小，同时将感应结果传递到电路装置，并使电路启动工作的电子开关。振动传感器一般用于感应振动力或离心力的大小。系统采用的振动传感器遵循 RS485 通信协议。

当传感器接入电源后，便会开始检测周围的振动信息，可以检测到以自身为坐标的 x 轴、y 轴、z 轴三个方向的振动信息，例如：

当发送 04 功能码查看振动参数时，发送：01 04 01 A1 00 17 E0 1A

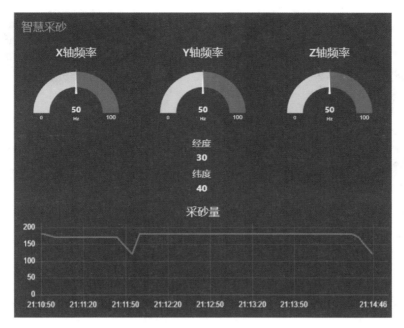

图 3.4-4 采砂云平台界面

此时传感器会回复信息：01 04 2E 00 00 00 00 00 00 00 00 00 00 00 00 00 00 00 00 00 00 00 00 00 00 00 00 00 00 00 00 00 00 00 00 00 00 00 00 00 00 00 00 00 00 00 00 01 47 00 00 8F C9

其中，01 是设备地址，04 是回复的功能码，2E 是回复的数据的长度，后面的是数据信息，分别是 X 方向的振动频率、Y 方向的振动频率、Z 方向的振动频率、X 轴方向的加速度、速度、振幅，Y 轴方向的加速度、速度、振幅，Z 轴方向的加速度、速度、振幅；再后面是 X 轴方向的加速度报警、速度报警和振幅报警，Y 轴方向的加速度报警、速度报警和振幅报警，以及 Z 轴方向的加速度报警、速度报警、振幅报警；最后两位是当前的温度以及温度报警。

由此可以看出，传感器可以采集到三个方向轴的振动信息，包括加速度、速度、振幅，频率等，因此可以用于固定在采砂船上检测采砂过程是否进行，当检测到振动信号超过设定阈值时，便可以判断为正在工作。

3.4.2.2 光电传感器

设计中使用光电传感器检测链斗采砂后是否正常传送到接收点，当在接收点检测到链斗经过时，判断为正常工作。光电传感器一般分为 PNP 和 NPN。光电传感器工作原理如下：

（1）当电流流出的传感器（PNP 输出型）接通时，电流是从电源经传感器的输出端（output）流到负载（load）上，进入负载，然后流到接地端。

（2）当电流流入的传感器（NPN 输出型）接通时，电流是从电源经负载流到传感器的输出端（output），然后流到接地端（GND），最后进入系统的地（GND）。

图 3.4 - 5　振动传感器实物图　　　　　图 3.4 - 6　光电传感器实物图

在设计中，采用的传感器如图 3.4 - 6 所示。

3.4.2.3　超声波传感器

在设计中，通过超声波传感器来检测传感器与链斗之间的距离来判断采集砂量的大小，当距离小于提前设定的阈值时（采砂量足够，因此距离较短），判断为正常工作。

超声波传感器是将超声波信号转换成其他能量信号（通常是电信号）的传感器。超声波是振动频率高于 20kHz 的机械波，它具有频率高、波长短、绕射现象小、方向性好等特点，能够成为射线实现定向传播。超声波发生器可以分为两大类：一类是用电气方式产生超声波，另一类是用机械方式产生超声波。电气方式包括压电型、磁致伸缩型和电动型等；机械方式有加尔统笛、液哨和气流旋笛等。它们所产生超声波的频率、功率和声波特性各不相同，因而用途也各不相同。目前较为常用的是压电式超声波发生器。

图 3.4 - 7　超声波传感器

超声波传感器工作原理：超声波发生器实际上是利用压电晶体的谐振来工作的。它有两个压电晶片和一个共振板。当向其两极施加频率等于压电晶片的固有振荡频率的脉冲信号时，压电晶片将会发生共振，并带动共振板振动，便产生超声波。反之，如果两极间未外加电压，当共振板接收到超声波时，将压迫压电晶片振动，将机械能转换为电信号，这时便成为超声波接收器了。

设计中采用的超声波传感器如图 3.4 - 7 所示。

该传感器可以输出测量距离值、内部温度值、超声波飞行时间等参数，输出数据以 modbus 协议进行传输。在读取输入传感器的数据时，根据 modbus 协议发送命令，如图 3.4 - 8 所示。

例：当前仪表地址为 01，主机发送读取仪表距离瞬时值：

主机发送：01 04 00 00 00 01 31 CA

从机应答：01 04 02 07 E5 7A 8B

从机返回的距离值为十六进制的 07E5，转换为十进制的 2021，表示当前距离值 202.1mm（精确到 0.1mm）。

1	2	3	4	5	6	7	8
ADR	04H	起始寄存器高字节	起始寄存器低字节	寄存器数量高字节	寄存器数量低字节	CRC码低字节	CRC码高字节

图 3.4 - 8　modbus 命令帧

3.4.2.4　供电电路

在设计中，三个传感器均需要 12V 电压进行供电，但是开发板需要 5V 电压供电，因此设计一个电源转换模块，通过将 DC 电源的 12V 电压转换为 5V 电压，既可以满足传感器的 12V 供电，又可以实现对开发板的 5V 供电。

在电路输入部分，该设计采用 mos 管 AO3401A 实现电路防反接电源保护功能。mos 管 AO3401 的示意如图 3.4 - 9 和图 3.4 - 10 所示。

图 3.4 - 9　mos 管内部示意图　　　　图 3.4 - 10　AO3401A 实物图

mos 管常被用作开关管，电池的防反接正是运用了 mos 管的这个特性。如图 3.4 - 11 所示：当正常连接时，3 接电池正极，1 接电池负极，由于 AO3401 内部有一个从左向右的二极管，使 mos 管 2 脚变高电平，满足 mos 导通条件，正常工作。如果 3 接电池负极，1 接电池正极，不满足导通条件，mos 不导通，所以不正常工作。

防反接电源输入电路如图 3.4 - 12 所示。

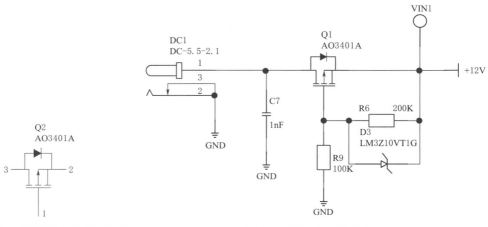

图 3.4 - 11　AO3401A 电路示意图　　　　图 3.4 - 12　电源输入电路

在对 12V 的 DC 电源降压为 5V 时,本设计采用的降压芯片为 MP1854EN(见图 3.4 – 13)。MP1584EN 是一降压模块,其基本参数见表 3.4 – 1。

表 3.4 – 1　　　　　　　　　　　　MP1584EN 芯片参数

名称	超小 DC – DC 降压电源模块	输出纹波	<30mV
输入电压	4.5~28V	开关频率	1.5MHz(最高),典型 1MHz
输出电压	0.8~20V	工作温度	−45~+85℃
输出电流	3A(最大)	尺寸大小	22mm×17mm×4mm(长×宽×厚)
转换效率	96%(最高)		

该降压模块基于 MP1584EN 芯片,能够驱动 3A 负载,并将 4.5~28V 之间的输入电压转换为 0.8 ~ 20V 的较低电压,其原理在于其内部的 BUCK 电路。BUCK 电路如图 3.4 – 14 所示。

图 3.4 – 13　MP1584EN 实物图

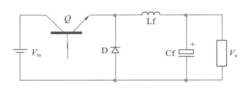

图 3.4 – 14　BUCK 电路

通过在 MOS 管上加上开关信号 PWM 来控制 MOS 管的导通和关断,进而实现电感和电容的充放电。在该电路中,采用了肖特基二极管,主要目的是防止 MOS 管高频率开关下的发热而造成损坏。根据伏秒原则,电感处于稳定状态时,开关导通时间(电流上升段)的伏秒数必须与开关关断时间(电流下降段)的伏秒数相等,这个原理保证了电路的稳定运行。

$$\Delta V_{on} \cdot T_{on} = \Delta V_{off} \cdot T_{off} \tag{3.4 – 1}$$

所以可以推导出 BUCK 电路的输入输出关系为

$$(V_{in} - V_o) \cdot DT = V_o \cdot (1 - D) \cdot T \tag{3.4 – 2}$$

$$V_o = V_{in} \cdot D \tag{3.4 – 3}$$

式中:DT 为充电时间;D 为占空比。

从公式中可以看出,电感充电电压($V_{in} - V_o$)和充电时间的乘积等于电感放电的电压(V_o)乘以放电的时间。因此可以通过控制占空比来实现降压的目的。电感和电容组成了低通滤波器,使输出电压尽可能是直流分量,电感不断地续流,保证电流的连续不间断,电容则保证输出电压的稳定性。

设计中的 12V 转换 5V 电路如图 3.4 – 15 所示。

其输入输出关系为(其中 V_{FB} 为 0.8V)

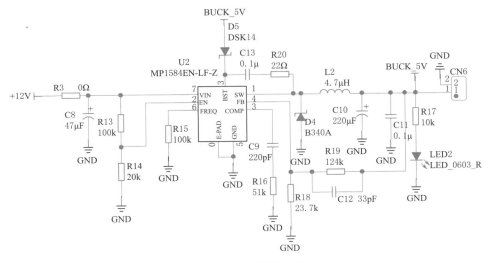

图 3.4 - 15 降压电路

$$V_{out} = V_{FB} \cdot \frac{R_{18} + R_{19}}{R_{18}} \qquad (3.4-4)$$

在电路中，输入电压的范围为 4.5～28V，输出电流最大为 3A。R18 的选取必须要小于 40kΩ，这里选择为 23.7kΩ，R19 选择为 124kΩ。可以得出：

$$V_{out} = 0.8 \times \frac{23.7 + 124}{23.7} \approx 4.98V \approx 5V \qquad (3.4-5)$$

虽然从表 3.4 - 1 中可以得知，输入电压的范围为 4.5～28V，输出电压范围为 0.8～20V，但是在设计电路中，一般不要使输入输出电压相差太大。输入输出电压相差太大时，芯片电压转换效率较低，容易导致芯片发热严重。

电源模块实物如图 3.4 - 16 所示。

3.4.3 STM32 及其外围电路

3.4.3.1 最小系统电路

主控芯片最小系统电路包括主控芯片 STM32F103RCT6、电源电路、晶振电路、复位电路等。

设计中选用 STM32F103RCT6 为 MCU，该类型的芯片具有低功耗、低成本、高性能

图 3.4 - 16 电源模块实物图

等优点，STM32 根据不同的架构将芯片分为不同的类型，本书采用的是 F1 系列的芯片，F1 分为 F101 基本型、F103 增强型、F105 和 F107 互联型。设计采用的是 F103 类型，时钟频率为 72MHz，其拥有的资源有：48KB SRAM、256KB FLASH、2 个基本定时器、4 个通用定时器、2 个高级定时器、2 个 DMA 控制器（共 12 个通道）、3 个 SPI、2 个 IIC、5 个串口、1 个 USB、1 个 CAN、3 个 12 位 ADC、1 个 12 位 DAC、一个 SDIO 接口及 51 个通用 IO 口（见图 3.4 - 17）。拥有的资源相对较多，适合本设计的要求。

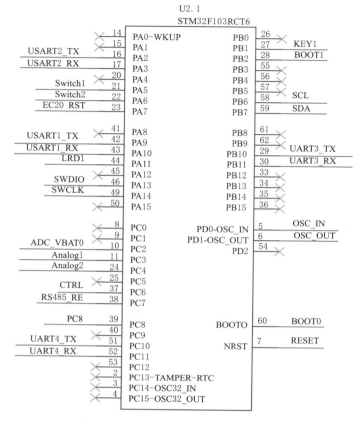

图 3.4 - 17 STM32F103RCT6 处理器

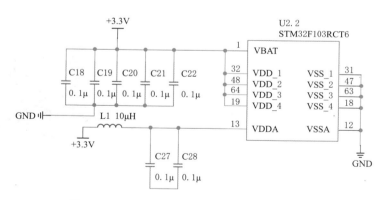

图 3.4 - 18 STM32F103RCT6 处理器供电电路

时钟是单片机运行的基础，时钟信号推动单片机内各个部分执行相应的指令，时钟的重要性不言而喻；STM32F103 有两种主时钟方案：一个是依靠内部 RC 振荡器的 HSI（内部高速时钟），另一个是 HSE（外部高速时钟）。但是由于内部时钟的精度不高，在一些高波特率串口通信或是高精度定时场合中常常出现错误，因此为了达到更高的精度要求，往往需要设计外部晶振电路作为 STM32 的 HSE 时钟。常用的 HSE 频率为 8MHz，晶振电路如图 3.4－19 所示。

复位电路负责将系统电路、主控芯片、外置传感器等恢复到起始状态。就像计算器的清零按钮的作用一样，以便回到原始状态，重新进行计算。在设计中，给该系统设计了手动按键复位，没有按下按键 SW1 时，复位引脚 RESET 为高电平，系统正常工作；当按下 SW1 时，RESET 被拉为低电平，导致系统复位（见图 3.4－20）。

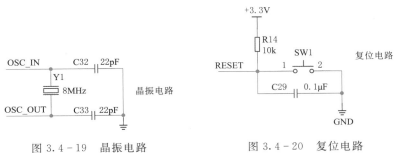

图 3.4－19　晶振电路　　　　　　图 3.4－20　复位电路

3.4.3.2　USB 转串口电路

目前，在以 PC 机作为上位机、嵌入式微控制器作为下位机的系统中，串口作为一种常用的通信方式分为同步串口通信与异步串口通信，基于采砂系统上下位机为点对点传输与异步通信时钟允许误差的特点，设计中采用异步串口通信协议。

异步串行通信在数据传输过程中是以字符为单位进行传输，在收发双方通信过程中，一个字节有效数据位的传输必须设置相应的起始位和停止位，校验位为可选设置。具体流程可概述为在发有效数据位之前，需要先发送一个起始位，标志着有效数据即将开始发送，等待有效数据发送完毕后再发送一个停止位，标志着数据发送完毕，从起始位到停止位即构成一帧数据。在帧与帧数据之间还有不定长的高电平空闲位，在下一帧数据低电平起始位发送时，通过电平的变换判断下一帧数据是否开始传输，异步通信的数据格式如图 3.4－21 所示。

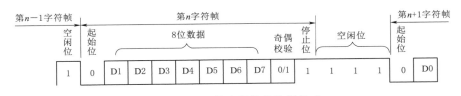

图 3.4－21　异步通信的数据格式

目前，USB 作为一种串口通信，被广泛应用于多种电子设备之间的数据通信，USB 接口芯片可以实现串口、SPI、打印设备等多种设置的信号转换。设计选用的 CH340 便是一款经典的 USB 总线转接芯片。虽然其性能上无法与一些工业级的转接芯片相比，但是其成本低廉，而且驱动稳定性和通信速率上都有明显保障，所以至今仍然被广泛应用于各种嵌入式电路设计中。CH340 转换 USB 信号如图 3.4－22 所示。

CH340 兼容 Windows 操作系统下设计的串口应用程序，也具有可扩展性，增加相应

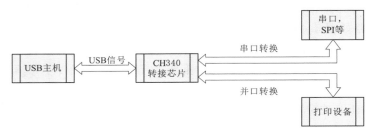

图 3.4 - 22　CH340 转换 USB 信号

的电平转换电路即可实现 RS232 和 RS485 电路的电平转换，并且信号传输速度快，波特率为 50bps～2Mbps，全双工方式传输。提供 SOP - 16、SOP - 8 和 SSOP - 20 以及 ES-SOP - 10、MSOP - 10 无铅封装，兼容 RoHS。

　　设计中所选择的型号为 CH340G（见图 3.4 - 23）。芯片正常工作时，需要在 XI 和 XO 引脚之间串联一个 12MHz 的晶振来产生时钟信号；VCC 引脚为电源输入端口，常接入的电压值为＋5V，由于内部电路没有去耦电容，所以需要外接 0.1μF 的电容用于去耦。当使用 5V 供电时，芯片的 V3 引脚应该外接 4700pF 或者 0.1μF 的电源退耦电容。GND 为接地端，该端接入的电压值通常为 0 或是低电平。CH340 数据传输引脚包括：串行数据输出（TXD）引脚和串行数据输入（RXD）引脚。CH340 的 TXD 和 RXD 引脚在使用时与单片机的 RXD 和 TXD 端交叉相连，以达到数据传输的目的。

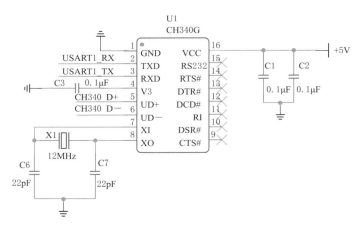

图 3.4 - 23　CH340G 电路

3.4.3.3　电平转换电路

　　在设计中，部分芯片需以＋3.3V 电压进行供电，而开发板外部供电电压为＋5V，所以需要设计一个电平转换电路，将＋5V 输入电压转化为＋3.3V 以供芯片使用。

　　设计选用的芯片为 AMS1117（见图 3.4 - 24）。AMS1117 是一个低漏失三端线性稳压器，其具有较快速的瞬态相应和出色的抑制噪声能力。AMS1117 输入电压最高可高达＋12V，输出电压可以为：1.8V、1.9V、2.5V、3.3V 和 5V，输出电流可达 1A，并且为了保证芯片和系统的安全，在该芯片内部集成有过流保护模块和过热保护。设计需要的功能是+5V 转换为+3.3V，所以选用芯片型号为 AMS1117 -3.3。

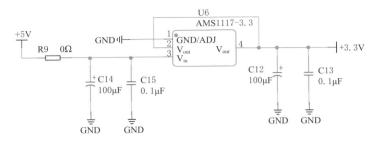

图 3.4 - 24　电平转换电路

利用 AMS1117 - 3.3V 降压稳压器对系统供电电源进行变压稳压，提供一个电压幅值稳定的直流电压值，为整个系统提供稳定的 3.3VDC，保证整个系统运行的稳定性。

3.4.3.4　SWD 接口电路

通过 SWD 接口或 JTAG 接口可以将在 Keil ＿ MDK 中编写的程序下载到 STM32F103RCT6 微处理器中。在烧写程序时，使用 ST - LINK 或是 J - LINK 等仿真器连接，仿真器另一端再与电脑的接口相连；首先下载对应的驱动，然后将仿真器与主控板相连进行供电，当 Keil ＿ MDK 中的程序编译正常后便可点击 keil 中的下载按钮，将成功编译好的程序烧录进微处理器中。设计中采用的仿真器是 ST - LINK，由于 JTAG 接口需要使用 5 个 I／O 口，并且标准的 JTAG 接口一般是 14 针或者 20 针，这样会增加 PCB 板的制作空间，所以在本设计中选用 SWD 接口，如图 3.4 - 25 所示。

SWD 电路使用 2.54 间距的 4 针端子，接口电路简易，占据空间小，并且 SWD 接口在高速模式下传输数据完好，故选择 SWD 模式。

3.4.3.5　指示灯电路

在设计中，为了在测试与使用过程中方便操作人员开展工作，在系统采用 LED 指示灯实现与操作人员直观交互，分别在电源电路、主控电路和 4G 通信电路中设置了 LED 灯。

图 3.4 - 26 所示为电源指示灯，当外接电源时，LED 灯会正常发光，表示电源供应正常，若电源指示灯不亮，则表示外接的电源电压不足或电源电路出现断路，需要更好的外接电源或检测电路。

图 3.4 - 25　SWD 下载电路　　　图 3.4 - 26　电源指示灯

图 3.4 - 27 所示为主控电路指示灯，该电路与微处理器 STM32F103RCT6 相连，用于测试微处理器的功能是否正常。焊接好微处理器芯片后，可以编写程序使 STM32F103 控制该 LED 灯发光以此来测试芯片的焊接是否准确。

设计中需要对 SIM 卡电路设置通信状态指示灯，该 LED 灯与 EC20 模块的 LED _ WWAN 引脚相连，用以表示模块的网络状况（见图 3.4 - 28）。当 LED 灯亮代表网络正常（SIM 卡正常工作，接入获取到地址）、LED 灯闪烁代表网络连接失败（SIM 获取地址失败或是 SIM 卡欠费）、LED 灯不亮代表无 SIM 卡或是 SIM 卡无法识别。

图 3.4 - 27　主控电路指示灯　　　　图 3.4 - 28　EC20 网络指示灯

3.4.3.6　存储电路

在实际应用中，保存在 RAM 中的数据，掉电便丢失；保存在单片机的 FLASH 中的数据，既不能随意更改，也不能用其来记录变化的数值。但是在特定情况下，确实需要记录某些数据，且需要时常改变或更新，掉电之后需保证数据不丢失，为此选择用 EEPROM 来保存数据。

24C02 是一个常用的基于 IIC 通信协议的 EEPROM 元件，例如 ATMEL 公司的 AT24C02、CATALYST 公司的 CAT24C02 和 ST 公司的 ST24C02 等芯片。在设计中，采用的芯片是 AT24C02。24C02 是一个 2Kbit 的串行 EEPROM 存储芯片，可存储 256 个字节数据。工作电压范围为 $1.8 \sim 6.0$V，具有低功耗 CMOS 技术，自定时擦写周期，1000000 次编程/擦除周期，可保存数据 100 年。24C02 有一个 16 字节的页写缓冲器和一个写保护功能。通过 I2C 总线通信读写芯片数据，通信时钟频率可达 400kHz。

（1）AT24C02 的电路图及实物图如图 3.4 - 29 所示。

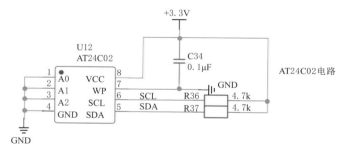

图 3.4 - 29　AT24C02 电路

在使用存储功能时，A0、A1、A2 三个管脚不同的电平可以形成不同的地址，最多 8 种，默认为 A0＝0、A1＝0 和 A2＝0。从器件的地址如图 3.4 - 30 所示。

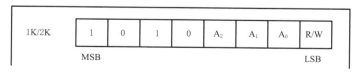

图 3.4 - 30　从器件地址

其中 R/W 为读写方向位，1 为读，0 为写。假设将 A0、A1、A2 三个引脚都硬件接地，即 A0＝0、A1＝0、A2＝0，AT24C02 读地址为 1010 0001（0xA1），AT24C02 写地

址为 1010 0000（0xA0）。

（2）EEPROM 读写操作时序如图 3.4-31 和图 3.4-32 所示。

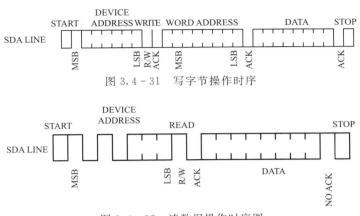

图 3.4-31　写字节操作时序

图 3.4-32　读数据操作时序图

1）写字节。首先发送 I2C 的起始信号，接着跟上首字节，也就是 I2C 的器件地址，并且在读写方向上选择"写"操作。第二是发送数据的存储地址。24C02 一共有 256 个字节的存储空间，地址从 0x00～0xFF，发送的数据会存储在该地址上。第三是发送要存储的数据的第一字节、第二字节……注意在写数据的过程中，E2PROM 每个字节都会回应一个"应答位 0"，应答为表示写 EEPROM 数据成功，如果没有回应答位，说明写入不成功。

在写数据的过程中，每成功写入一个字节，EEPROM 存储空间的地址就会自动加 1，当加到 0xFF 后，再写一个字节，地址就会溢出又变成 0x00。

写数据的时候需要注意，EEPROM 是先写到缓冲区，然后再"搬运到"到掉电非易失区。所以这个过程需要一定的时间，AT24C02 进行该过程所需要的时间大约为 5ms，在这段时间内芯片无法应答，所以，在写多个字节时，写入一个字节之后，再写入下一个字节之前，必须等待 E2PROM 再次响应。

2）读数据。以 AT24C02 读当前地址的时序图为例，首先是 I2C 的起始信号，接着跟上首字节，也就是 I2C 的器件地址，并在读写方向上选择"读"操作。然后芯片便会返回当前的地址信息。

其他的读写操作流程大致与上述过程类似，只是不同的操作过程需要对应芯片的不同时序图。

3.4.3.7　GPS 电路

全球定位系统（Global Positioning System，GPS）是一种以人造地球卫星为基础的高精度无线电导航的定位系统，它在全球任何地方以及近地空间都能够提供准确的地理位置、车行速度及精确的时间信息。如今的 GPS 定位技术已经足够成熟，并且被广泛运用于生活中。GPS 定位的优点在于能够进行远距离的实时定位，定位精度高、速度快。

ATGM336H 是高灵敏度的接收机模块。它支持 BDS/GPS/GLONASS 卫星导航系统的单系统定位，以及任意组合的多系统联合定位。ATGM336H 可以直接替换 U-blox 的 MAX 系列多款 GPS 模块，主要接口信号 Pin-Pin 兼容，安装孔一致（见图 3.4-33）。

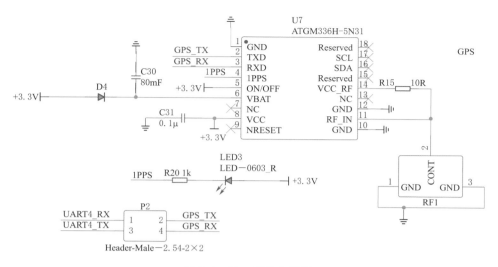

图 3.4 - 33　GPS 电路图

在电路设计过程中，使用微处理器 STM32F103RCT6 的串口与芯片 ATGM336 的 GPS_TX、GPS_RX 相连，以此通过单片机的串口发送指令来控制 GPS 模块的工作。

（1）定位原理：24 颗 GPS 卫星在离地面 1.2 万 km 的高空上，以 12h 的周期环绕地球运行，使得在任意时刻，在地面上的任意一点都可以同时观测到 4 颗以上的卫星。卫星的位置可以根据星载时钟所记录的时间在卫星星历中查出。而用户到卫星的距离则通过纪录卫星信号传播到用户所经历的时间，再将其乘以光速得到。由于大气层电离层的干扰，这一距离并不是用户与卫星之间的真实距离，而是伪距（PR）：当 GPS 卫星正常工作时，会不断地用 1 和 0 二进制码元组成的伪随机码（简称伪码）发射导航电文。GPS 系统使用的伪码一共有两种，分别是民用的 C/A 码和军用的 P 码（或 Y 码）。C/A 码频率为 1.023MHz，重复周期为 1ms，码间距为 $1\mu s$，相当于 300m；P 码频率为 10.23MHz，重复周期为 267d，码间距为 $0.1\mu s$，相当于 30m。而 Y 码是在 P 码的基础上形成的，保密性能更佳（见图 3.4 - 34）。

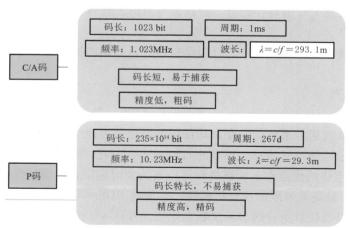

图 3.4 - 34　GPS 测距码

（2）GPS定位功能测试。

1）包括。准备工具DTU开发板、GPS芯片（已经焊制在开发板上）和GPS天线。

2）在DTU开发板上的GPS天线端子处插上GPS天线，然后将天线放在室外（室内获取信息较差），如图3.4-35所示。

图3.4-35 DTU与GPS天线相连

3）通电之后，GPS芯片自动获取当前位置的经纬度等信息，并上传到串口上位机端显示，见图3.4-36，图中红色箭头指向的是经过DTU解析后的经纬度信息。

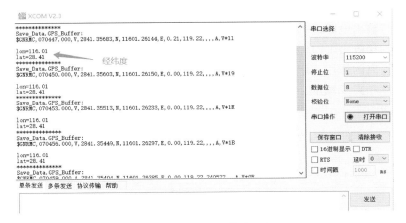

图3.4-36 GPS信息上报

测试地点为江西省南昌市，根据网上查询可得南昌市经纬度如图3.4-37所示。

图3.4-37 南昌市经纬度

经过对比可知，测得的经纬度在误差允许的范围内符合要求，GPS电路功能正常。

3.4.4 通信与常用接口电路

3.4.4.1 模拟量输入电路

在时间上或数值上都是连续变化的物理量称为模拟量，例如声音、温度等。使用对应的传感器可以采集需要的模拟量并将其由非电信号转为电信号进行传输，但要计算出对应的模拟量则需要MCU的功能，所以设计方案的目的在于设计出模拟量输入接口，用以接收传感器传输过来的信号并将其转入 MCU 中进行计算。

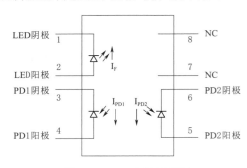

图 3.4 - 38　光耦原理图

为了防止干扰，设计中采用了光耦隔离芯片 HCNR201。线性光耦隔离芯片 HCNR201 内部结构原理如图 3.4 - 38 所示。HCNR201 由一个高性能发光二极管 LED 和两个相邻匹配的光敏二极管 PD1 和 PD2 组成，这两个光敏二极管有完全相同的性能参数。LED 是隔离信号的输入端，当有电流流过时就会发光，两个光敏二极管在有光照射时就会产生光电流，HCNR201 的内部封装结构使得 PD1 和 PD2 都能从 LED 得到近似光照，且感应出正比于 LED 发光强度的光电流。光敏二极管 PD1 起负反馈作用，用于消除 LED 的非线性和偏差特性带来的误差，改善输入与输出电路间的线性和温度特性，稳定电路性能。光敏二极管 PD2 是线性光耦的输出端，接收由 LED 发出的光线而产生与光强成正比的输出电流，达到输入及输出电路间电流隔离的作用。PD1 与 PD2 的严格比例关系及 PD1 负反馈的作用保证了线性光耦的高稳定性和高线性度。

电路设计如图 3.4 - 39 和图 3.4 - 40 所示。

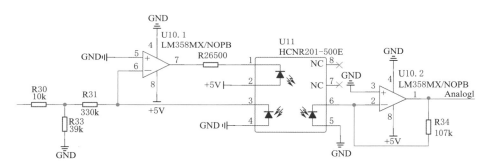

图 3.4 - 39　模拟量输入电路（电压信号）

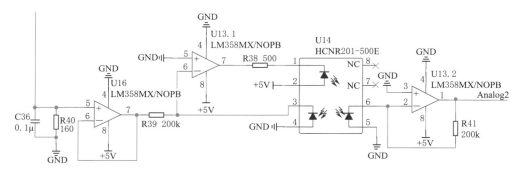

图 3.4 - 40　模拟量输入电路（电流信号）

经过光耦电路的隔离作用后，可以有效地去除外界的噪声干扰，保证信号的可靠性，经过一定的分压功能后，可以将外界的电压控制在 0～3.3V 的电压范围之内，保证单片机 STM32 的内置 ADC 引脚不会因电压过大而损坏。

模拟量电路测试如下：

（1）准备工具：DUT 开发板（开发板上有光耦电路），光耦芯片 HCNR201（已经焊在开发板上），温度传感器（输出模拟量），电源模块（12V 与 5V），电源适配器（12V1A）。

（2）模拟量采集总体流程如图 3.4-41 所示。

（3）将电源模块分别与开发板以及温度传感器相连，开发板的电源输入端连接电源模块的 5V 引脚，温度传感器的电源端与电源模块的 12V 引脚相连，通电时电源模块会亮红灯表示开始工作，开发板的电源指示灯会亮红灯，温度传感器会亮绿灯（见图 3.4-42～图 3.4-44）。

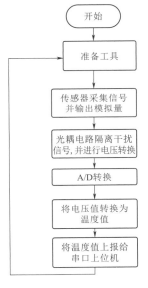

图 3.4-41　模拟量采集
流程图

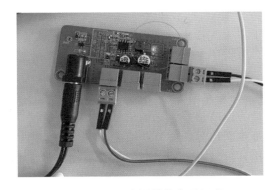

图 3.4-42　电源模块指示灯亮

图 3.4-43　开发板指示灯亮

图 3.4-44　温度传感器指示灯亮

（4）当三个设备指示灯亮起时，表示正在工作，此时可以通过 usb 线将开发板连接电脑，打开串口上位机，串口波特率设置为9600bps。

（5）通过上位机打印的值得到当前温度传感器测试的温度值（见图3.4-45）。

（6）通过电压表测试测试当前传感器输出的电压值，再换算为温度值进行比较（见图3.4-46）。

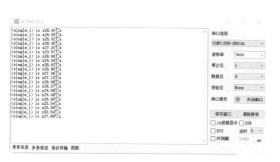

图3.4-45 上位机打印当前温度值

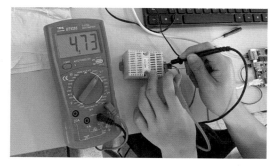

图3.4-46 电压表测试传感器的输出电压

当前电压表测试的值为4.73V，通过传感器说明书提供的换算关系，可以算出温度＝27.3℃，上位机打印出的温度值普遍在该值的附近，考虑到传感器的误差，在误差运行的范围内符合要求。

通过手机天气预报App可知，在进行测试实验时，所在地区总体温度为24℃（见图3.4-47），但由于天气预报的值是该地区总体平均温度，并且实验是在室内做，温度会比室外高2～3℃，因此该实验可以满足要求。由此可看出，模拟量输入电路功能正常。

3.4.4.2 开关量电路

开关量为通断信号、无源信号，电阻测试法为电阻0或无穷大；也可以是有源信号，专业名称是阶跃信号，就是0或1，可以理解成脉冲量，多个开关量可以组成数字量。为了防止干扰，设计中添加了开关量光耦隔离芯片PC817（见图3.4-48）。

图3.4-47 所在地温度

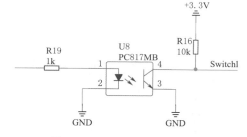

图3.4-48 PC817内部框图

PC817是常用的线性光耦隔离芯片，广泛用在各种家用电器电路之间的信号传输，常常在各种要求比较精密的功能电路中被用作耦合器件，具有上下级电路完全隔离的作用，相互不产生影响。前端与负载完全隔离，目的在于增加安全性，减小电路干扰，简化电路设计。

开关量电路测试如下：

（1）准备工具包括DTU开发板、开关量光耦芯片PC817（已焊制在开发板上）、电源模块（12V输出）。

（2）编写开关量测试程序，由于开关量光耦芯片具反相性，当检测到高电平信号输入时，光耦电路输出是低电平，当检测到低电平信号输入时，光耦电路输出是高电平。但是高电平是 3.3V，所以不会超出主控芯片 STM32F103RCT6 的引脚承受能力。

（3）输入高电平时（将引线接入电源模块 3.3V 引脚），LED 提示灯不亮（见图 3.4 - 49）。

（4）输入低电平时（将引线接入电源模块 GND 引脚），提示灯亮（见图 3.4 - 50）。由此看出，开关量电路功能正常。

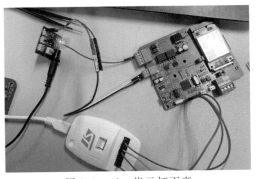 

图 3.4 - 49　指示灯不亮　　　　　　　　图 3.4 - 50　指示灯亮

3.4.4.3　RS485 电路

RS485 总线是一种常见的串行总线标准，采用平衡发送与差分接收的方式，因此具有抑制共模干扰的能力。在一些要求通信距离为几十米到上千米的时候，RS485 总线是一种应用最为广泛的总线，而且在多节点的工作系统中也有着广泛的应用。

（1）SP3485 芯片（见图 3.4 - 51）在设计中，采用的芯片为 SP3485，是一款＋3.3V 低功耗半双工收发器，可以完全满足 RS485 和 RS422 串行协议的要求，数据传输速率可以高达 10Mbps（带负载）。

图 3.4 - 51　SP3485 实物图

1）SP3485 驱动器：SP3485 的驱动器输出是差分输出，满足 RS485 和 RS422 标准。空载时输出电压的大小为 0～＋3.3V。即使在差分输出连接了 54Ω 负载的条件下，驱动器仍可保证输出电压大于 1.5V。SP3485 有一根使能控制线（高电平有效）。DE（Pin3）上的逻辑高电平将使能驱动器的差分输出。如果 DE（Pin3）为低，则驱动器输出呈现三态。

2）SP3485 接收器：SP3485 接收器的输入是差分输入，输入灵敏度可低至±200mV。接收器的输入电阻通常为 15kΩ（最小为 12kΩ）。－7～＋12V 的宽共模方式范围允许系统之间存在大的零电位偏差。SP3485 的接收器有一个三态使能控制脚。如果 RE（Pin2）为低，接收器使能，反之接收器禁止。

一般将 RE 引脚和 DE 引脚连接起来，SP3485 芯片可以使用一个 I/O 引脚来控制 RS485 芯片高电平发送，低电平接收。

当接收与发送使用差分传输，所谓差分传输就是 A 引脚和 B 引脚通过电压比较得到的逻辑电平：

A－B＞＋0.2V 逻辑电平，RO 输出电平 1

A－B＜－0.2V 逻辑电平，RO 输出电平 0

（2）RS485 电路（见图 3.4－52）。RS485 电路通信测试如下：

+3.3V
C35
104
GND
U15
R43
360R
R42
360R
CN3
XY2500R-F-3.81-4P
USART2_RX
RS485_RE
USART2_TX
RO
#RE
DE
DI
VCC
B
A
GND
R44
120R
Electricity
BAT0
PS3485EEN

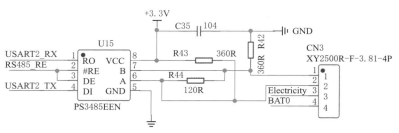

图 3.4－52 RS485 电路图

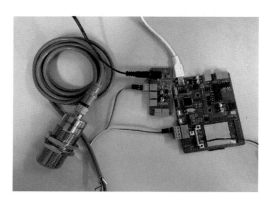

图 3.4－53 超声波与 DTU 相连

1）准备工具：DTU 开发板、超声波传感器（RS485 通信）、电源模块（12V）、电源适配器（12V1A）。

2）首先将超声波传感器与 DTU 开发板相连（A 对 A，B 对 B），电源部分与电源模块的 12V 接口相连（见图 3.4－53）。

通电之后，DTU 模块通过 RS485 接口发送指令控制超声波传感器测量距离并将测到的距离上报到串口上位机端。

从图 3.4－54 中可看出，DTU 模块成功获得超声波传感器测得的距离并上报到串口上位机端，该部分功能正常。

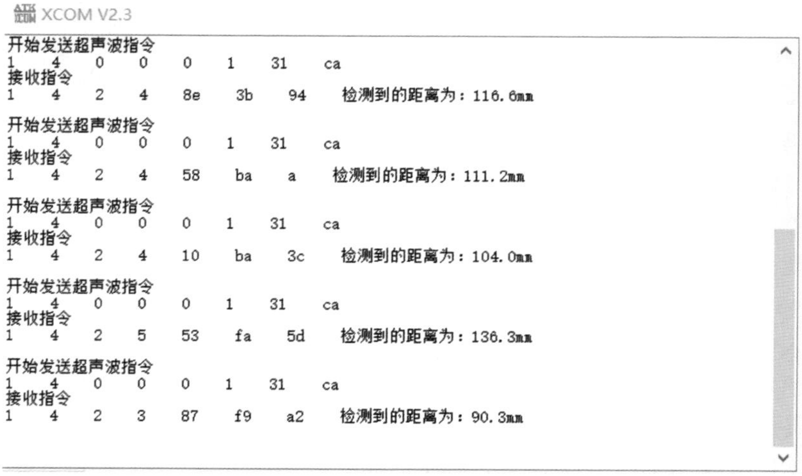

XCOM V2.3
开始发送超声波指令
1 4 0 0 0 1 31 ca
接收指令
1 4 2 4 8e 3b 94 检测到的距离为：116.6mm
开始发送超声波指令
1 4 0 0 0 1 31 ca
接收指令
1 4 2 4 58 ba a 检测到的距离为：111.2mm
开始发送超声波指令
1 4 0 0 0 1 31 ca
接收指令
1 4 2 4 10 ba 3c 检测到的距离为：104.0mm
开始发送超声波指令
1 4 0 0 0 1 31 ca
接收指令
1 4 2 5 53 fa 5d 检测到的距离为：136.3mm
开始发送超声波指令
1 4 0 0 0 1 31 ca
接收指令
1 4 2 3 87 f9 a2 检测到的距离为：90.3mm

图 3.4－54 超声波测距

3.4.4.4 4G 通信电路

在设计中，采用的通信模块是 EC20（见图 3.4 - 55），EC20 嵌入一个 TCP/IP 栈。主机（即外接的控制器）可通过 AT 指令直接连接互联网。它可以减少对 PPP 和 TCP/IP 协议栈的依赖和实现消耗的最小化，并且 EC20 提供以下的套接字服务：TCP 客户端、UDP 客户端、TCP 服务器和 UDP 服务器。

设计采用标准的 PCIE 标准接口，可以随时进行产品的更换与升级。同时支持 GSM/GPRS 网络，支持短信息发送并且配置标准 USB 接口，符合 USB2.0 协议。标准 MINI PCIE 接口图如图 3.4 - 56 所示。

图 3.4 - 55　EC20 实物图

EC20 模块提供了 2 个串口：主串口和调试串口，下面描述 2 个接口的特性：

（1）主串口支持 9600bps、19200bps、38400bps、57600bps、115200bps、230400bps、460800bps、921600bps 波特率，默认波特率为 115200bps，用于数据传输和 AT 命令的发送。

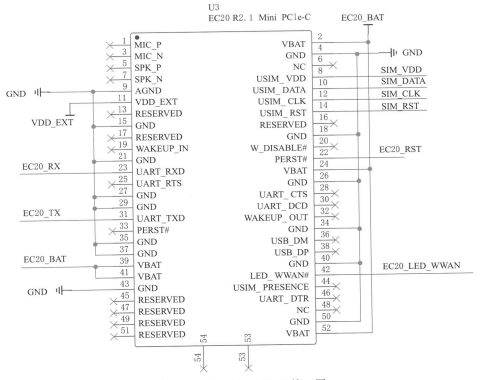

图 3.4 - 56　MINI PCIE 接口图

（2）调试串口支持 115200bps 波特率，用于 linux 控制和 log 打印。

在设计好 EC20 模块的 PCIE 接口后，由于 EC20 模块的供电是 3.8V，而开发板的电源转换电路是 5V 转 3.3V，无法满足模块的供电需要，需要单独设计 EC20 模块的供电电路（见图 3.4 - 57）。在设计中选用的芯片为 MIC29302WU，MIC29302WU - TR 是一款高电流、高精度、低压差稳压器。该稳压器使用 Micrel 专有的 SuperβetaPNP® 工艺和 PNP 调整元件，具有 350～425mV（满载）的典型压降电压和非常低的接地电流。这些器件专为高电流负载而设计，也可用于较低电流，对于低压差至关重要的系统，微小压降电压和接地电流值是重要的属性。

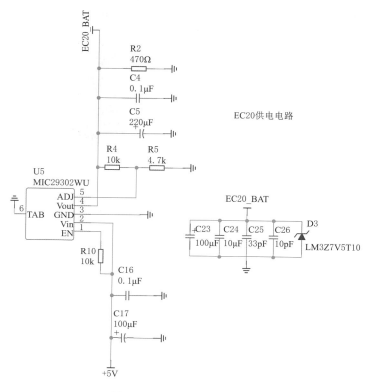

图 3.4 - 57 EC20 供电电路

3.4.4.5 SIM 卡电路

智能传感的采砂量动态监测技术的实现采用短信发送和 GPRS 通信技术，因此需要设计 SIM 卡电路，然后通过 SIM 卡来实现 4G 通信的所有功能。同时设置通信状态指示灯，即 LED 灯亮代表网络正常（SIM 卡正常工作，接入获取到地址）、LED 灯闪烁代表网络连接失败（SIM 获取地址失败或 SIM 卡欠费）、LED 灯不亮代表无 SIM 卡或 SIM 卡无法识别。SIM 卡接口电路设计如图 3.4 - 58 所示。

为了保证 SIM 卡的正常工作，以及工作过程的稳定性，在电路设计时，需要将 SIM 卡卡座与 4G 模块 EC20 保持较近的距离，还要确保信号线长度在 200mm 以下；同时 CLK 信号线与 DATA 信号线保持适当距离，防止两根信号线的信号相互干扰；信号线、RF 线与电源线保持一定的距离，避免相互干扰。

4G 电路通信功能测试如下：

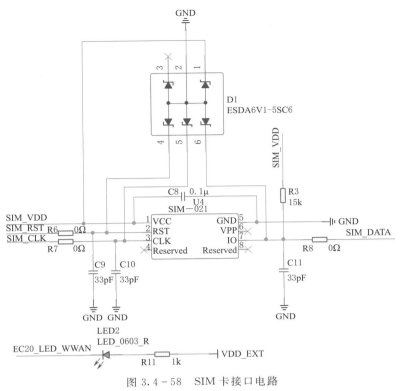

图 3.4 - 58　SIM 卡接口电路

（1）准备工具：DTU 开发板、EC20、SIM卡、天线。

（2）首先插入 SIM 卡（见图 3.4 - 59）。

（3）DTU 自动激活并且连接 MQTT 服务器（见图 3.4 - 60 和图 3.4 - 61）。

（4）往 MQTT 服务器发布消息。EC20 成功联网，并且成功给目标 MQTT 服务器发布消息，表明该功能正常。

图 3.4 - 59　插入 SIM 卡

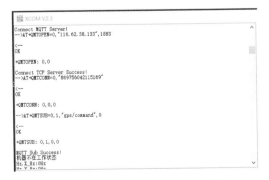

图 3.4 - 60　模块开机激活 EC20　　　　图 3.4 - 61　连接 MQTT 服务器

3.5　采砂量智能监测系统软件实现

3.5.1　单片机程序设计实现

3.5.1.1　嵌入式系统主程序设计

系统主程序设计步骤如下：首先给检测系统上电，系统开始对基础外设进行初始化配置，如 GPIO、DMA、USART 等外设的配置；然后对 EC20 模块进行初始化配置，并配置其激活、连接目标 MQTT 服务器等工作；接着对 GPS 模块进行初始化操作；最后进入主循环。主循环中 GPS 模块每间隔 3min 便会检测一次当前的位置信息，然后 EC20 模块通过 MQTT 协议将位置信息上传至 MQTT 服务器端，接着判断振动传感器的信息，若判断出振动传感器检测到振动，则开启光电传感器进行物体的识别，识别出链斗是否经过；当检测到链斗后，再通过超声波传感器来识别采砂量，并将采砂量通过 EC20 发送到 MQTT 服务器端（见图 3.5－1）。

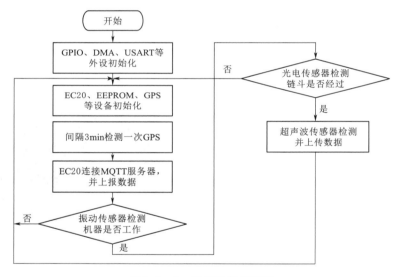

图 3.5－1　系统运行流程图

3.5.1.2　数据通信设计

采砂量智能监测系统通过 4G 模块 EC20 与上位机进行数据交互，将振动传感器、光电传感器与超声波传感器采集到的实时数据上传到上位机端以便进行进一步处理。由于 4G 模块 EC20 通过串口与微处理器 STM32F103RCT6 进行交互，在使用前需要对串口的各种参数（例如串口模式、波特率、校验位等）进行配置，然后初始化串口并打开串口。

操作 EC20 模块具体流程如下：第一步，给 4G 模块 EC20 上电，并且发送"AT"指令等待模块回复"OK"，则表示波特率相同可以进行通信；第二步，对 EC20 进行初始化配置，首先关闭回显，然后发送"AT＋CPIN？"查看 SIM 卡的状态，因为 SIM 卡的状态直接影响后续通信是否成功进行，所以程序在此需要做一步阻塞操作，使用 while 来检测收到的信息是否为"OK",不是则一直重发;第三步,发送"AT＋CREG?"检测网络注册状态,再发送"AT＋CGREG?"查询网络附着状态,这里同样也需要阻塞操作,确保成功注册网络,然后再发送"AT＋QIACT＝1"以激活 EC20 工作。

进行以上操作后,成功配置了 EC20 的初始化,接下来便可以连接 MQTT 服务器。首先发送 AT ＋ QMTOPEN ＝ 0,"212.64.75.148",1883,用于打开 MQTT 客户端网络,命令中的"212.64.75.148"是服务器的 IP 地址,1883 是端口号,可根据使用者的服务器不同而进行更改。接着发送"AT＋QMTCONN＝0",用以连接客户端到 MQTT 服务器;成功连接到 MQTT 服务器后,此时系统与 MQTT 服务器已经建立了连接,基于 MQTT 协议的规范,需要订阅相关的主题,所以再发送"AT＋QMTSUB"订阅主题,订阅主题后便完成对 MQTT 协议的初始化。系统运行的流程如图 3.5－2 所示。

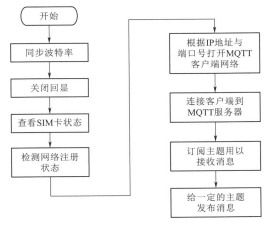

图 3.5－2　EC20 连接 MQTT 流程

接下来是程序设计,首先正常开机然后发送命令同步波特率,关闭回显,通过 CSQ 获取当地信号质量等,其中 CSQ 返回值第一个是信号质量,一般在 0~31 之间,越大表明信号越好,第二个返回值是 SIM 卡和天线是否安装,99 表示正常(见图 3.5－3)。

图 3.5－3　EC20 开机

下一步是检测当前网络注册状态,返回 0,1 表示正常,如图 3.5－4所示。

检测网络状态正常后,接下来便需要使用 CGREG 命令建立无线网络连接,返回 0,1 表示成功,如图 3.5－5 所示。

建立无线连接后,需要再发送 QIACT 指令以激活 EC20 模块,如图 3.5－6 所示。

根据程序发送命令后,返回值如图 3.5－7 所示,返回值为"OK"则表示激活成功。

在以上的检测状态以及激活模块的程序设计中,因为需要得到正确的返回信息后才能进行下一步,所以程序需要设计对应的检测返回消息的判断,以及通过 while(1)无限循环的方式对函数进行阻塞,直到得到正确的返回信息才进行下一步;但为了防止因为程序

```
static void Moudle_Check_Network_Register(void)
{
 if(EC20_Connect_Error_Flag == FALSE)
 {
  Timer6.usDelay_Timer = 0;
  while(1)
  {
   //DMA重新接收设置
   EC20.DMA_Receive_Set();
   //发送AT指令
   UART3.SendString(AT_CMD_CREG);
   //打印信息
   printf("%s",AT_CMD_CREG);
   //延时100ms，等待接收完成
   HAL_Delay(100);
   //打印信息
   printf("%s",UART3.pucRec_Buffer);
   //判断注册
   if(strstr((const char*)UART3.pucRec_Buffer,"+CREG: 0,1")||strstr((const char*)UART3.pucRec_Buffer,"+CREG: 0,3"))
   {
    break;
   }
   else
   {
    HAL_Delay(1000);
    HAL_Delay(1000);
   }

   //超时处理
   if(Timer6.usDelay_Timer >= TIMER6_2S)
   {
    EC20.Error();
    break;
   }
  }
 }
}
```

图 3.5 - 4   检测网络注册状态程序

```
--->AT+CGREG?
<---
+CGREG: 0,1

OK
```

图 3.5 - 5   建立无线网络连接

```
static void QIACT(void)
{
 if(EC20_Connect_Error_Flag == FALSE)
 {
  Timer6.usDelay_Timer = 0;
  do
  {
   //DMA重新接收设置
   EC20.DMA_Receive_Set();

   //发送AT指令
   UART3.SendString(AT_CMD_QIACT);
   //打印信息
   printf("%s",AT_CMD_QIACT);
   //延时1000ms，等待接收完成
   HAL_Delay(1000);

   //打印信息
   printf("%s",UART3.pucRec_Buffer);

   //超时处理
   if(Timer6.usDelay_Timer >= TIMER6_10S)
   {
    EC20.Error();
    break;
   }
  }
  while(strstr((const char*)UART3.pucRec_Buffer,"OK") == NULL);
 }
}
```

图 3.5 - 6   激活 EC20 模块程序

出现错误或是模块损坏等意外情况导致无法得到正确的返回信息，需要给程序设置一定的超时检测机制，当超过一定时间后退出函数，提示出现错误。

当以上程序执行完成后，对 EC20 的初始化完成。接下来便需要连接 MQTT 服务器。由于 EC20 模块内置了 MQTT 协议，所以在使用其连接服务器时，对模块发送指定的信

```
-->AT+QIACT=1
<--
OK
```

图 3.5 - 7　激活 EC20 模块返回值

息进行连接即可，在程序的编写上与 EC20 初始化类似，也同样需要阻塞当前函数直到返回正确信息与超时检测报错等；第一步需要根据 MQTT 服务器的 IP 地址与端口号进行连接，连接程序如图 3.5 - 8 所示。

```
static void Open_MQTT_Client(void)
{
  if(EC20_Connect_Error_Flag == FALSE)
  {
    Timer6.usDelay_Timer = 0;
    while(1)
    {
      //DMA重新接收设置
      EC20.DMA_Receive_Set();
      //发送AT指令
      UART3.SendString(AT_CMD_QMTOPEN);
      //打印信息
      printf("%s",AT_CMD_QMTOPEN);
      //延时100ms,等待接收完成
      HAL_Delay(100);
      //打印信息
      printf("%s",UART3.pucRec_Buffer);
      //判断注册
      if(strstr((const char*)UART3.pucRec_Buffer,"OK"))
      {
        printf("Open_MQTT_Client Success\r\n");
        break;
      }
      else
      {
        HAL_Delay(1000);
        HAL_Delay(1000);
      }
      //超时处理
      if(Timer6.usDelay_Timer >= TIMER6_2S)
      {
        EC20.Error();
        break;
      }
    }
  }
}
```

图 3.5 - 8　连接 MQTT 服务器程序

成功连接到 MQTT 服务器后，则可以订阅主题，如图 3.5 - 9 所示。主题名称可根据需要拟定，图中的主题名为 "gps/command"。

```
-->AT+QMTSUB=0,1,"gps/command",0
<--
OK
```

图 3.5 - 9　订阅主题

在程序设计中，每隔 3min 便会检测一次 GPS 数据，即得到当前位置的经纬度，从而可以实时获知节点的当前位置，然后通过 EC20 将 GPS 的数据上报给 MQTT 服务器（见图 3.5 - 10）。

当系统正常运行时，会将振动传感器采集到的振动信息以及采砂量上传至串口上位机端（见图 3.5 - 11）。

```
void EC20_MQTT_Publish(void)
{
  char txbuf[125];
  char pub[100];

  sprintf(txbuf, "{\"lng\":%.2f,\"lat\":%.2f}", GPS_Decode.lon/100,GPS_Decode.lat/100);
  sprintf(pub, "AT+QMTPUBEX=0,0,0,0,\"WCR\",%d\r\n", strlen(txbuf));
  SendAT((uint8_t*)pub, (uint8_t*)">");
  HAL_Delay(500);
  UART3.SendString((uint8_t*)txbuf);
  HAL_Delay(500);
  if(strstr((const char*)UART3.pucRec_Buffer, "+QMTPUBEX: 0,0,0"))
  {
    printf("publish ok\r\n");
  }

}
```

图 3.5 - 10　上报 GPS 数据

```
—>AT+QMTPUBEX=0,0,0,0,"WCR",39
<—
Hz.X_Hz:4Hz
Hz.Y_Hz:9Hz
Hz.Z_Hz:5Hz

机器正常
检测到沙漏

RS485.Distace:127.0mm
```

图 3.5 - 11　上传采砂信息

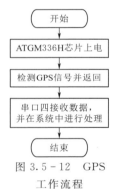

图 3.5 - 12　GPS
工作流程

3.5.1.3　GPS 定位程序设计

在使用 ATGM336H 芯片实现 GPS 定位功能时，搭建好外围电路后，主控芯片 STM32F103RCT6 通过串口 4 进行控制。在 ATGM336H 芯片上电后，会自动回复信息，信息内容包括 UTC 时间、纬度信息、N/S、经度信息、E/W、速度、方位角、日期。因此，程序设计中，串口需要时刻保持在接收状态。GPS 工作流程如图 3.5 - 12 所示。

GPS 程序核心关键在于数据的接收，ATGM336H 芯片返回数据格式如图 3.5 - 13 所示。

首先根据芯片返回数据的特点，创建结构体变量 SavaData，用于存放芯片返回的数据。GPS 芯片返回的数据都是字符串形式，所以定义为 char 型变量。

当芯片发送信息时，是将所有的数据，例如 UTC 时间、经纬度等组建成一个数据包发送，中间用逗号隔开，所以在设计程序时，需要根据其特点将所需的数据提取出来。

首先设计指针变量用于遍历 GPS 芯片返回的数据，由于所需信息都是以逗号间隔，当检测到逗号后，下一个数据便是所需要的数据；又因为 GPS 发送的数据顺序是固定的，所以可以使用 memcpy 函数将需要的数据逐个提取出来。提取后指针变量指向下一个位置，subString = subStringNext；逐次提取数据，便可以将 UTC 时间、经纬度信息等 9 个数据提取。

GPS 芯片返回的数据均是字符型，因此在程序中进行计算时，需要对返回的数据进行格式转换。

3.5.1.4　监测传感器程序设计

在设计中，使用三种传感器以监测不同类型的数据，三者协同工作，完成采砂过程中

```
$GNGGA, 084852.000, 2236.9453, N, 11408.4790, E, 1, 05, 3.1, 89.7, M, 0.0, M, , *48
$GNGLL, 2236.9453, N, 11408.4790, E, 084852.000, A, A*4C
$GPGSA, A, 3, 10, 18, 31, , , , , , , , , 6.3, 3.1, 5.4*3E
$BDGSA, A, 3, 06, 07, , , , , , , , , , 6.3, 3.1, 5.4*24
$GPGSV, 3, 1, 09, 10, 78, 325, 24, 12, 36, 064, , 14, 26, 307, , 18, 67, 146, 27*71
$GPGSV, 3, 2, 09, 21, 15, 188, , 24, 13, 043, , 25, 55, 119, , 31, 36, 247, 30*7F
$GPGSV, 3, 3, 09, 32, 42, 334, *43
$BDGSV, 1, 1, 02, 06, 68, 055, 27, 07, 82, 211, 31*6A
$GNRMC, 084852.000, A, 2236.9453, N, 11408.4790, E, 0.53, 292.44, 141216, , , A*7
5
$GNVTG, 292.44, T, , M, 0.53, N, 0.98, K, A*2D
$GNZDA, 084852.000, 14, 12, 2016, 00, 00*48
$GPTXT, 01, 01, 01, ANTENNA OK*35
```

图 3.5 - 13 GPS 芯片返回数据格式

的监测功能。传感器检测流程如图 3.5 - 14 所示。

第一个传感器是振动传感器，振动传感器同时可以检测 X 轴、Y 轴与 Z 轴三个方向的振动，并且可以检测出振动的频率振幅等，因此通过定时器定时每隔 1s 检测一次设备的当前状态，当设备开始工作时，振动传感器可以捕捉到设备产生振动，同时会将振动信息上报到串口上位机端以及 MQTT 服务器端（见图 3.5 - 15）。

然后开启光电传感器的监测，光电传感器的检测特点是低电平检测到物体、高电平检测不到物体，所以只需要检测光电传感器的输出电平即可；光电传感器应用于监测链斗是否经过，当链斗经过时表示采砂工作正在进行，如果光电传感器检测不到链斗时，便可以知道设备此时并未运行。

当设备处于运行状态，链斗采集到砂石后，经过超声波传感器时，超声波传感器会发送声波检测当前链斗内的砂量，防止出现设备空转，一直运行却没有采集到砂石的情况出现。

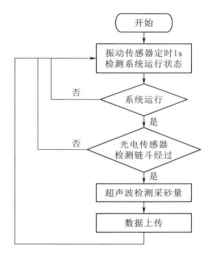

图 3.5 - 14 传感器检测流程

```
--->AT+QMTPUBEX=0, 0, 0, 0, "WCR", 39

<---
Hz.X_Hz:4Hz
Hz.Y_Hz:9Hz
Hz.Z_Hz:5Hz

机器正常
检测到链斗
```

图 3.5 - 15 振动信息显示

3.5.2 串口上位机设计实现

3.5.2.1 创建文件

新建项目→Visual C♯→Windows 桌面→Windows 窗体应用，生成项目后，点开左侧工具箱，里面有许多开发控件，根据需要拖拽到项目中，然后双击该控件，便可以对控件的功能进行编程。

3.5.2.2 界面布局

选择 groundbox 控件，然后在其中添加控件 button（按键）、combox（下拉框）与 checkbox（选择框），其中按键用于手动扫描串口、清除接收与开机等功能，每一个功能添加一个按键。由于波特率与串口经常需要更换，所以选择 combox 更加方便；另外的 checkbox 用于选择串口接收的数据类型，因为字符型数据与 hex 数据的接收方式不同，所以需要设置该功能。

3.5.2.3 串口接收与发送功能设计

完成串口与波特率等的设置后，便需要设计串口接收功能。首先将需要的控件布局好，需要一个接收框（textbox）、发送框（textbox）以及发送与清除发送按键（button）和各种选项（checkbox）等；然后编写串口接收与发送的功能函数。

串口接收时，首先要先区分是以 ASCII 码格式还是以 hex 格式来接收输入，此部分可以在上位机中设置，即本书第 2 章界面布局中，串口选项中的 hex 选项卡，选中时则以 hex 的格式接收数据。接收流程为：当以 hex 格式接收时，首先在程序中定义 byte 型数组作为接收缓冲区用于接收串口的数据，然后通过读串口函数 serialPort1.Read（data，0，data.Length）将接收到的每一个数据在接收框中逐一显示，但是在显示时，需要将 hex 格式的数据通过格式转换函数转为 16 进制。

如果是以 ASCII 码的形式进行接收，则需要先定义一个字符型变量，用于接收串口的内容（图 3.5-16）。此处的读取串口内容函数与 hex 格式不同，其他的流程与接收 hex 相同，只是不同类型的数据需要定义不同的变量来接收。在接收框显示时，需要使用 textBox1.AppendText（str）函数，使用该函数才能在显示的内容后面不断添加，而不是覆盖前面显示的内容。

```
//接收格式为ASCII
if (!checkBox1.Checked)
{
    try
    {
        // textBox1.AppendText("[" + DateTime.Now.ToString("HH:mm:ss") + "]" + "->");

        string str = serialPort1.ReadExisting(); //以字符串方式读
        textBox1.AppendText(str);
    }
    catch
    {
        textBox1.AppendText("[" + DateTime.Now.ToString("HH:mm:ss") + "]" + "->");
        textBox1.AppendText("ASCII格式接收错误!\r\n");
    }
}
```

图 3.5-16 串口接收 ASCII 数据

串口发送功能，首先设置发送按键的功能，当按下按键时，判断要以 ASCII 码的格式进行发送还是以 hex 的格式，以 ASCII 码发送时，首先定义 byte 型数组用于串口发送，然后将发送框中的内容填入 byte 型数组中，接着使用串口的发送函数将该部分内容发送出去，发送后需要在后端发送回车与换行符号（见图3.5－17）。

```
try
{
    //支持中文
    Encoding Chinese = System.Text.Encoding.GetEncoding("GB2312");
    byte[] Sendbytes = Chinese.GetBytes(textBox2.Text);
    serialPort1.Write(Sendbytes, 0, Sendbytes.Length); //发送字符
    //遍历用法
    // foreach (byte Member in Sendbytes)
    // {
    //     data[0] = Member;
    //     serialPort1.Write(data,0,1); //发送
    // }

    //发送回车换行
    if (checkBox4.Checked == true)
    {
        data[0] = 0x0D;
        serialPort1.Write(data, 0, 1); //发送回车
        data[0] = 0x0A;
        serialPort1.Write(data, 0, 1); //发送换行
    }
}
```

图3.5－17　串口发送功能

如果是以hex格式发送数据，由于hex型数据是以0x开头，在传输数据时，需要识别出这一部分并去除；另外在发送时，需要循环发送每一个hex型数据，并且在数据尾端加入CRC校验码（见图3.5－18）。

```
//发送格式为HEX
else
{
    //处理字符串
    string Buf = textBox2.Text;
    Buf = Buf.Replace("0x", string.Empty);
    Buf = Buf.Replace("0X", string.Empty);
    Buf = Buf.Replace(" ", string.Empty);
    byte[] Calculate_CRC = new byte[(Buf.Length - Buf.Length % 2) / 2];

    textBox2.Text = "";
    //循环发送
    for (int i = 0; i < (Buf.Length - Buf.Length % 2) / 2; i++) //取余运算作用是防止用户输入的字符为奇数个
    {
        textBox2.AppendText(Buf.Substring(i * 2, 2) + " ");

        try
        {
            data[0] = Convert.ToByte(Buf.Substring(i * 2, 2), 16);
            serialPort1.Write(data, 0, 1); //发送
            Calculate_CRC[i] = data[0];
```

图3.5－18　串口发送hex型数据

另外，在串口接收或是发送过程中，出现程序错误时，会通过try、catch的机制自动跳到错误处理部分中；在错误处理中，首先在接收框中提示操作过程出错，例如串口接收错误或是串口数据发送错误等；然后在程序中将串口关闭，并且控制上位机的开机按键自动关闭。到此串口的发送与接收设计完成，整体布局如图3.5－19所示。

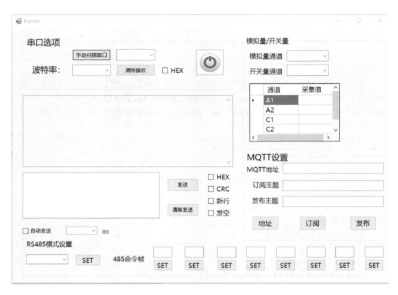

图 3.5 - 19　整体布局

3.5.2.4　RS485 命令帧配置

目前市场上绝大多数 RS485 接口的通信是采用 modbus 协议。一帧正常的 modbus 数据帧包含的内容有：地址域＋功能码＋数据＋差错校验（见图 3.5 - 20），例如：03 04 00 08 00 01 B0 3B（假设从站地址为 03）。

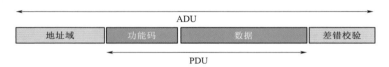

图 3.5 - 20　modbus 数据帧格式

在应用中，系统给 RS485 传感器发送命令帧有两种形式：第一种是提前将命令帧写在程序中，固定发送；第二种是通过上位机发送命令帧给系统，然后再由系统发送给 RS485 传感器。因此需要设计上位机可以发送 modbus 命令帧的功能。

首先，将需要用到的控件提前布局，包括开关以及 8 位命令帧的配置控件，RS485 功能界面布局如图 3.5 - 21 所示。

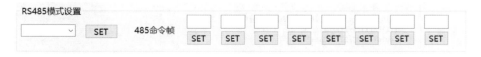

图 3.5 - 21　RS485 功能界面布局

设置 RS485 通信是否开启，当选择为 "Open＋485" 时，通过串口发送给单片机或是其他设备，提示设备接收 485 命令帧。

系统所采用的传感器的 modbus 通信协议的命令帧都是 8 位，在上位机的设计中，设置了 8 个 textbox 用于填入 8 个命令帧；填入命令帧后，点击下方的 SET 按钮则可以将该帧通过串口发送出去，这种设计也方便修改命令帧。

3.5.2.5 MQTT 协议配置

MQTT 是一个基于客户端-服务器的消息发布/订阅传输协议。MQTT 协议目前在物联网技术中应用非常广泛，各种公有云的 IOT 平台通信基本上都是按照该协议来实现，因此在该上位机的设计中，实现了通过上位机配置设备来连接 MQTT 云平台的功能，需要提前配置 MQTT 服务器地址，以及用户通过 MQTT 协议订阅与发布的主题。

用户可以在 textbox 中输入要连接的 MQTT 服务器地址，以及订阅主题和发布主题，然后点击对应的按键，上位机软件便会将 MQTT 服务器地址、订阅主题、发布主题等消息通过串口发送给下位机。

3.5.2.6 模拟量与开关量接收界面设计

下位机有两个模拟量输入通道与两个开关量通道（后期可增加），因此需要在上位机界面中设计专门用于显示这四条通道的采样值界面。在系统运行时，用户可以通过 combox 控件（下拉框）选择显示的通道，例如模拟量输入有 A1、A2 两条通道可供选择，开关量输入通道可以选择 C1 或 C2。当用户选择好要观察的通道时，可以通过 DatagridView 表格控件观察到每一条通道的采样值，当不需要观察该通道时，可以选择 OFF 选项将该行的内容清空，例如 OFF - A1 或是 OFF - A2（见图 3.5 - 22）。

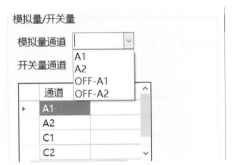

图 3.5 - 22　模拟量选择通道

3.5.3 服务器显示界面设计实现

本节主要介绍如何使用 Node - RED 搭建 MQTT 服务器 UI 显示界面。以下仅介绍有关采砂船项目需要用到的功能，其他功能根据需要后期再进行增添修改。

3.5.3.1 Node - Red 简介

Node - Red 是一种基于 Node.js 的编程工具，用于将硬件设备、API 和在线服务连接在一起。

3.5.3.2 搭建流程

（1）在浏览器上输入服务器的 IP 地址，并在后面加上"：1880"便可以访问，推荐使用谷歌浏览器（见图 3.5 - 23）。

（2）进入 Node - Red 界面后：①在界面的右上端"＋"处点击添加流程，用以给项目设置专门的 UI 界面；②在右方点击"＋tab"创建项目；③点击"edit"修改生成 tab 的名称，以及点击"＋groud"创建 groud，然后再点击 groud 的"edit"修改 groud 名称，最终结果如图 3.5 - 24 所示。

（3）在界面左边选择需要的控件并将其拖拽到界面中，双击控件可编辑其名称，以及修改 group、label（显示的文字）、Value format（输入的数据）、Units（显示下标）和

图 3.5 - 23　登录 Node - Red

图 3.5 - 24　tab 与 group 创建完成

Name（名称）等参数，具体根据用户需要进行修改（见图 3.5 - 25）。

如果选择的控件为图表，那么首先按照上面的介绍来拖拽控件并修改参数，然后再添加数据源（见图 3.5 - 26），在数据源内需要设置主题与数据（见图 3.5 - 27）。

（4）添加 debug 控件（见图 3.5 - 28），添

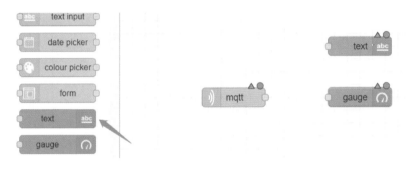

图 3.5 - 25　选择控件

图 3.5 - 26　添加数据源

加后才能接收信息。

（5）连接各个控件（见图 3.5 - 29）。

（6）部署控件到服务器，然后点击图片中所选位置，便可以看到 UI 界面（见图 3.5 - 30）。

（7）界面展示（见图 3.5 - 31）。

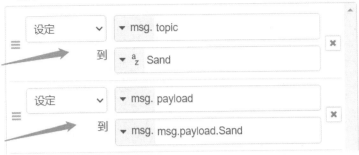

图 3.5 - 27　设置主题与数据

图 3.5 - 28　添加 debug 控件

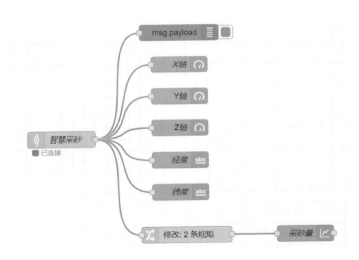

图 3.5 - 29　连接控件

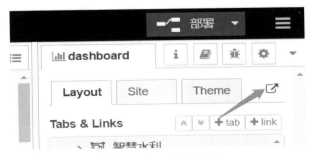

图 3.5 - 30　启动界面

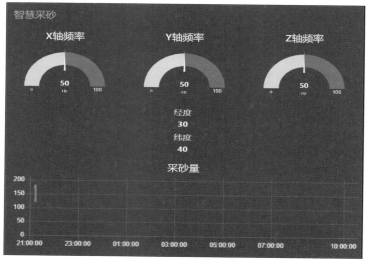

图 3.5 - 31 整体界面

3.6 采砂量智能监测系统功能测试

（1）首先将超声波传感器、光电传感器和振动传感器连接电源模块，电源模块通过 DC 电源适配器供电，可给三个传感器提供 12V 的电压（见图 3.6 - 1）。

（2）将振动传感器、超声波传感器的 485 接口与 485 集线器相连（见图 3.6 - 2），然后 485 集线器输入端与 DTU 模块的 485 接口相连（见图 3.6 - 3），485 集线器用 DC 电源适配器供电。

（3）光电传感器输出端连接 DTU 模块开关量接口（见图 3.6 - 4）。

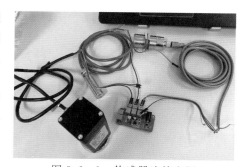

图 3.6 - 1 传感器连接电源

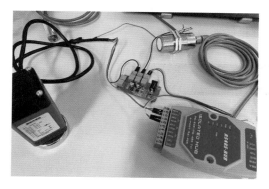

图 3.6 - 2 传感器连接 485 集线器

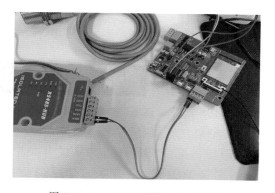

图 3.6 - 3 DTU 连接 485 集线器

（4）完成整体连接（见图3.6-5）。

（5）DTU模块开机，自动激活EC20模块并连接MQTT模块（见图3.6-6和图3.6-7）。

图3.6-4 连接DTU模块开关量接口

图3.6-5 整体连接图

图3.6-6 模块开机激活EC20

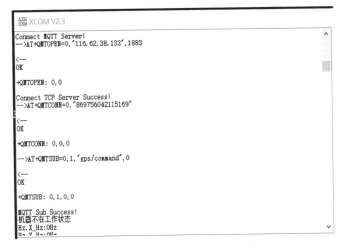

图3.6-7 连接MQTT服务器

（6）当振动传感器检测到振动时，光电传感器开启检测。检测到物体时，光电传感器指示灯亮，开启超声波传感器，检测其与链斗的距离并发送到上位机端以及 MQTT 服务器端实时显示（见图 3.6 - 8～图 3.6 - 10）。

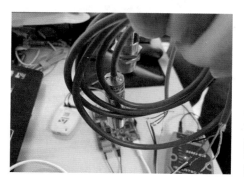

图 3.6 - 8 光电传感器检测到物体

图 3.6 - 9 上位机显示采集信息

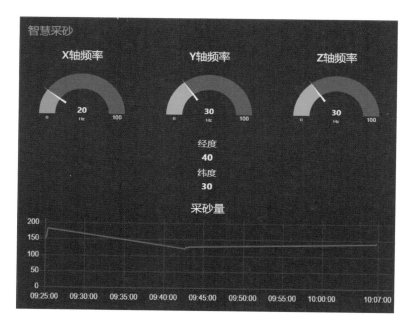

图 3.6 - 10 MQTT 服务器显示

3.7 采砂量检测及管理系统

3.7.1 采砂量检测系统

采砂量计量是超采、违采等无序采砂监管的重要环节，常规采砂量计量主要采用水下量测、吃水线的深浅或简单运砂船数量统计等方法，计量误差大，难以实现"定船、定量"实时精准管控采砂量。

（1）采砂船采砂量检测系统。包括船体、链板和链斗，船体上设安装架和储砂箱，安装架底部安装有驱动电机，链板和驱动电机传动连接，链斗固定在链板上，链板的顶部位于储砂箱的上方，还包括阶梯和托板，阶梯位于托板的下方，托板位于链板的一侧；托板的底部固定有固定座，固定座上有固定筒，固定筒内设有伸缩杆，伸缩杆的伸缩端上固定有安装座，安装座内安装有计数传感器。该系统还包括计数器和控制器，计数传感器和计数器电连接，计数器和驱动电机均和控制器电连接。采砂船的工作环境较为潮湿，当计数传感器不运行时，通过伸缩杆将计数传感器带入固定筒内，防止计数传感器锈蚀，从而提高计数传感器的使用寿命。

工作原理：当链斗经过计数传感器表面时，会引起传感器内部磁隙变化，在探头线圈中产生感生电动势，其幅度与转速有关，转速越高输出电压越高，输出频率与转速成正比，转速进一步增高，磁路损耗增大，输出电势已趋饱和，当转速过高时，磁路损耗加剧，电势锐减。电势由增强到减弱的变化过程会被传感器识别，然后通过处理判断计算出采砂船的斗数，再通过斗数计算出采砂量。

（2）采砂船采砂量监控系统。包括采砂船本体，采砂船本体上设有支撑架和链板，支撑架固定在采砂船上，支撑架的底部固定有固定架，固定架上设有驱动电机、减速箱和传动轮，驱动电机的输出轴和减速箱相连，减速箱的输出轴和传动轮同轴相连，驱动电机和采砂船本体上的供电装置电连接；链板的顶部设置在采砂船上，链板的底部和传动轮传动连接，连板上设有链斗；传动轮上设有永磁体，传动轮的一侧固定有磁通门传感器，磁通门传感器、集成电路、开关装置和继电器依次串联形成回路，继电器和信号发送装置并联设置，信号发送装置和计数装置串联。

工作原理：在传动轮上安装一个永磁体，然后在传动轮附件上安装磁通门传感器。当采砂设备工作时，永磁体与磁通门传感器会在某一时刻出现在同一条水平线上，然后通过磁通门传感器处理之后，把这种状态转换为电平信号输出，在成功读取到这种电平变化之后，经过传感器的算法处理，就可以成功测量出当前采砂设备的转数；有了采砂设备的转数后，能够对采砂量进行高效的监控、统计和管理。

（3）采砂量智能分析。在对可采区合法作业的采砂船状态监控的基础上，通过船载远程监控装置收集采砂船只的采量监测数据、配载信息等，并将采集到的数据通过智能分析和处理，将这些数据和信息实时呈现在系统界面中，以供操作者或执法人员调阅查看，统计出某艘采砂船在某段时间内的采砂总量，并按照设定的采砂限制进行告警。

超量采砂智能化判定流程如图 3.7-1 所示。

3.7.2 采砂远程监控装置

采砂远程监控装置包括远程监控终端、网络摄像机、固定式阅读器、震动传感、音频传感、转动传感和供电装置等。其工作原理如下：

（1）通过固定式阅读器可以读取运砂船只的电子标签，经过中心系统比对，可准确识别合法、非法采砂船只和运砂船只；

（2）通过 3G 路由器实时上传采砂船 GPS（定位数据），经过中心系统比对，实时监控合法采砂船只的作业运行轨迹，防止超范围作业。

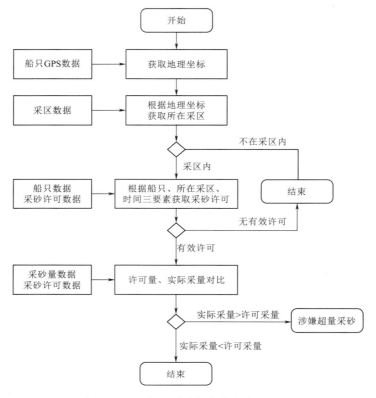

图 3.7 - 1　超量采砂智能化判定流程图

（3）运砂船装载砂石必须在采砂船上的智能终端设备上刷承运卡，通过中心系统计算，可实时监测合法采砂船只的实际采砂量，杜绝超量作业。

（4）在非开采时间段内，通过转动传感、音频传感、震动传感的采集信息，确认采砂船只的作业情况，发现有开采作业时，通过 3G 路由器发送报警信息，结合网络摄像机进行远程查看，实现开采作业远程自动监控。

（5）当运砂船在采砂船边装砂完成后，运砂船必须对承运卡进行写卡操作。承运人将承运卡放入读卡器读写区域，通过触摸显示屏界面进行数据交流确认；同时，远程监控终端将通过读卡器修改承运卡数据，并通过固定式阅读器修改运砂船只的电子标签数据，在承运卡数据和电子标签数据修改完成后，提示信息已经成功修改。

（6）语音提示功能。当承运人和采砂船管理人在进行刷卡操作时，有相对应的语音提示功能，更方便企业、承运人进行操作。

（7）中心通过 4G 路由器实时上传门的开关信号，如果门被异常打开，中心系统会自动报警。

（8）电源管理供电箱在无市电状态下，可以自动切换至蓄电池状态，可为设备提供超过 24 小时的运行时间，并通过 4G 路由器实时上传市电和蓄电池状态。

（9）电源管理供电箱可以存储 30 天以内的本地视频证据。为非法开采、非法营运等纠纷提供视频图像证据。

（10）通过远程监控终端的 TTL 电平输入和输出，控制网络摄像机工作，可以实现按需触发录像，可节约 4G 流量。

3.7.3 采砂船效率监控系统

采砂船效率监控系统包括采砂船上装置和岸基装置。采砂船上设有支撑架，支撑架固定在采砂船上，支撑架的下端固定有驱动电机，驱动电机的输出轴上传动连接链板，链板上设有链斗；采砂船上设有储砂箱，链板的顶端位于储砂箱的上方；采砂船上设有供电装置，驱动电机和供电装置电连接；该系统还包括频率传感器、数据处理装置和前端设备，前端设备位于采砂船的驾驶室内，频率传感器的电源端经变压器和供电装置电连接，频率传感器的采集端连接供电装置和驱动电机之间的线路，频率传感器的输出端经 RS485 总线连接前端设备，前端设备设有显示屏和无线信号发送装置。

岸基装置设有显示器和无线信号接收装置，无线信号接收装置和无线信号发送装置通过无线通信连接。

该系统可以监控采砂船的采砂效率，配合采砂的时间可以估算出采砂量，防止出现监管盲区。采砂船进行采砂作业时，驱动电机带动运送砂石的链斗运转，因此电机的转速直接影响链斗速度。采砂船输出的三相交流电，经过变频器变频后输送到三相异步电机。通过采集三相电机电流，经过傅里叶变换得到电流频率。通过电流频率与电机转速关系计算出电机主轴转速，由链斗与电机主轴传送比计算出链斗主轴转速；根据链斗的连接密度就可以算出链斗的运转速度，并根据链斗体积估算出产量、效率等有效数据，并发送到前端设备供监管人员查看。

3.8 本章小结

本章在阐述河湖采砂智能监控目标及监测构成的基础上，重点对采砂量智能监管涉及的关键技术进行了详细描述，主要包括采砂量智能传感器原理、计算方法等；通过介绍采砂量过程智能监测装置，提出了采砂监控装置的部署策略，并对其主要功能进行详细描述；最后，对采砂量智能检测管理系统的主要功能模块进行了描述，包括采砂量检测系统、采砂数据智慧分析、采砂远程监控装置、采砂船效率监控系统。从采砂量智能传感、计算方法、部署策略、系统集成等方面完整呈现采砂量过程监控涉及的主要技术，为采砂量过程智能监管提供了系统解决方案。

第 4 章

基于能量获取的采砂船自适应视频帧采集频度技术

针对河湖采砂区域部分水岸供电设施存在不足造成监控设备监测中断，以及水域通信环境的持续性阴雨气候环境下造成信息传输不稳定等问题，创新性地提出了基于太阳能能量获取预测的自适应视频帧采集频度优化技术与传输切换技术以及复杂水域通道环境下传输技术，解决了河湖采砂监控信息可靠传输的难点问题，显著减少了传输中断率，实现了监测持续有效且传输稳定。

（1）基于能量获取预测的自适应视频帧采集频度技术。针对河湖采砂区监控区域供电设施缺乏导致监控中断问题，提出基于太阳能能量获取预测的自适应图像监测技术，首先根据河湖采砂区域的太阳能获取能量的数据，结合采砂区影响太阳能获取的气候环境要素，建立了基于核偏最小二乘方法的采砂监控节点能量到达预测模型，有效提升了太阳能能量预测精度，突破了因外部环境多因素影响预测精度的技术难题，为监测传输能量的合理使用提供依据。然后结合水岸区域部署的监控设备，采用图像变化检测以及不同监控图像压缩技术，建立了采砂监测的持续有效的优化模型，利用图优化理论，提出基于太阳能获取的采砂区图像监测最大化监测频率方法，该方法能根据能量获取的情况，自适应选择相应的监测频率，实现监控持续性与最大监控效用的平衡。

（2）复杂水域环境下自适应网络传输技术。针对采砂区域通信环境的复杂性，采用获取能量的预测算法和 4G 信号检测算法相结合的方式，构建了自适应网络传输切换技术，防止设备能量不足或 4G 信号转弱所导致的图像发送失败或丢失，有效地解决了因能量不足而出现监控中断的难题。针对部分监控区域通信环境复杂或距离移动信号覆盖区域较远的情况，采用波束合成技术，通过优化节点选择和功率优化，提出了多监测传感节点的波束合成技术传输方法，提升了波瓣性能，减少对其他传输节点的干扰，有效增加了信息传输性能，解决了因水域通信信道环境特性造成传输能效低的问题，实现了复杂水域环境下采砂监控的持续可靠传输。

4.1 监测与传输网络总体架构

为满足采砂船和监控点的视频、图像数据传输需求，结合采砂现场的实际情况，主干网络采用水利专网和电子政务外网，为了达到理想的监管效果，需要 100Mbps 专网带宽。网络传输设计只考虑各个重点水域岸线与水利专网和电子政务外网接入的"最后一公里"

网络。视频监控点通过租赁运营商链路的方式进行通信，节省成本。由运营商提供网络专线服务，点对点接入水利专网，上、下行带宽为 20Mbps，全内网均可查看。网络监测与传输总体架构如图 4.1-1 所示。

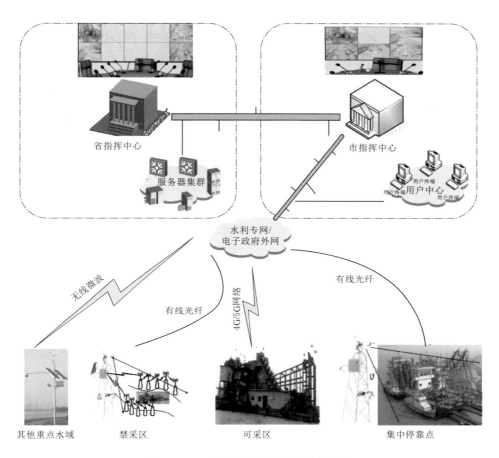

图 4.1-1　网络监测与传输总体架构图

4.1.1　有线传输

河湖采砂视频监控系统所涉及的点位众多，且分布较广，若专门为监控系统重新架设一套网络传输系统，则过于浪费也没有必要。建议利用电信、联通、移动等运营商已有的网络链路，根据实际需要租用 10Mbps、20Mbps、100Mbps、1000Mbps 等不同网络带宽，形成监控专用网络。租用费用根据租用带宽从数千元/年到数十万元/年不等。只需将监控系统就近接入运营商已有的网络，即可实现视频传输。

网络租用方式施工量小、灵活性高，可根据实际数据传输需求（主要考虑视频传输）选择合适的带宽进行租用，保证数据的稳定流畅传输。采用 VPN 的方式构建水利监控专网，既保证了网络的安全性，也达到了高效经济的目的。

4.1.2　无线传输与无线网桥传输

河湖采砂区分布较广，且通常在偏远地区，若在这类地方新建视频监控点，有线网络的布设将面临巨大的挑战。为降低建设成本，可根据监控点位置情况采用 4G 无线传输或无线网桥传输方式进行视频信号的传输。随着国内 4G 网络通信的逐渐成熟、稳定，无线视频监控可全面推广应用，无线网桥技术也可保证视频传输质量。

若监控点采用 4G 无线传输或无线网桥传输模式进行视频信号的传输，可在相应的前端监视点配备 4G 路由器（或直接采用 4G 监视布控球）或无线网卡，设备启动联网后自动注册并接入平台。若需要全天 24h 保持视频信号的传输，或耗费大量 4G 流量，为降低系统运营成本，采用 4G 无线网接入方式的监控点可在监控中心需要时再上传视频信号，日常可根据需要或产生报警定时回传图像或视频片段。出于数据、图像传输安全性考虑，必要时无线网络要采用 VPN 的方式构建虚拟专网。

在选择 4G 运营商时，可参考上述内容，并根据当地实际情况选用合适的 4G 网络进行数据传输。部署方式如下：

（1）点对点部署。一个中心端和一个客户端设备，这种方式能达到最大系统吞吐率，适用于点到点场景。

（2）点对多点部署。多个客户端设备无线关联中心端设备，这种方式能支持多个前端往一个中心点发送视频数据，适用于一对多集中无线覆盖场景。

（3）"背靠背"中继方式。通过双客户端"背靠背"有线连接，实现不同角度调整，适用于个别点位因中间有遮挡物而无法被中心点直接覆盖的场景，一般建议选用双客户端实现。

4.1.3　VPN 虚拟专网

虚拟专用网络（Virtual Private Network，VPN）指的是在公用网络上建立专用网络的技术。其之所以称为虚拟网，主要是因为整个 VPN 网络的任意两个节点之间的连接并没有传统专网所需的端到端的物理链路，而是架构在公用网络服务商所提供的网络平台［如 Internet、ATM（异步传输模式）、Frame Relay（帧中继）等］上的逻辑网络，用户数据在逻辑链路中传输。它涵盖了跨共享网络或公共网络的封装、加密和身份验证链接的专用网络的扩展。VPN 主要采用了隧道技术、加解密技术、密钥管理技术和使用者与设备身份认证技术。VPN 技术有如下优势：安全性非常高，保护数据传输的完整性、保密性、不可抵赖性；设备一次性投入，不需要支出每月的运营费用，长期看来大幅度节省支出；ADSL 宽带接入方式价格低廉，可有效减少投资；能安全接入 Internet 上的内部移动用户，彻底消除地域差异。

系统通过通信运营商在 Internet 互联网上建立虚拟专用网络 VPN，链接前端设备 NVR 和监控中心，以提高系统整体的安全性和可靠性。

4.2 采砂全过程自适应图像监测技术

4.2.1 监测节点太阳能量预测技术

无线传感器网络（Wireless Sensor Network，WSN）广泛应用于各类监测中，如环境监测、农业自动监测和灾害监测等。对于传统的 WSN，其能量供应是由固定容量电池提供，目前大部分研究主要集中在最小化能量消耗或者最大化基于电池供电无线传感网络的效用。然而，由于电池供电无线传感网络生命周期的有限性，网络节点会出现瘫痪或失效，这些失效的节点会导致网络不连通，进而影响监测应用领域的信息传输。

最近，许多能量获取技术（如太阳能、风能等）被提出用于解决传统 WSN 的能量受限问题，目前基于能量获取技术建立的无线传感网络利用外部能量取代传统的电池供电。为了实现无线传感网络的长期生命周期，获取能量的管理是必不可少的。能量预测是能量管理中的关键技术之一，它能够准确预测未来一段时间传感节点获取的能量。这种能量预测帮助传感节点利用可获取的能量实现网络性能最大化并减少能量浪费。因此，许多有关能量到达预测的模型被提出，在这些研究中，Kansal 等提出了基于指数权重移动平均 EWMA 的能量到达预测算法，该算法适合太阳能昼夜循环，同时也适合季节变化，EWMA 能量到达预测算法预测误差约为 20%。为了进一步改进预测精度，Piorno 等提出了一个短期太阳能能量预测的方法，即天气条件移动平均 WCMA。在 WCMA 方法中，当前和过去几天天气条件被考虑到预测模型中，与 EWMA 模型相比，WCMA 模型在能量利用率上获得了大于 90% 的增益。但是，这种能量模型只适合预测一天或几天。因此，Bergonzini 等提出一个改进的 WCMA 预测方法，即 WCMA - PDR。WCMA - PDR 方法通过使用相位移调节器减少了 9.2% 的平均预测误差。目前提出一个新的基于可加性分解模型 SEPAD，在这个模型中，根据太阳昼夜循环，每天和季节趋势都被考虑。针对目前模型不具有较好的预测精度和低复杂度，Yang 等提出了一种对未来一个时隙或多个时隙进行能量预测的模型，该模型命名为 WC - EWMA。该预测方法预测精度优于 EWMA 和 WCMA - PDR 预测模型，但仍然有 18.7% 的预测误差。

然而，目前大多数能量到达预测算法对能量获取型 WSN 的能量预测时间尺度一般在几小时或几天。它们没有综合考虑预测各种时间段的能量获取情况，如几天、几月甚至到年。本书针对能量获取型无线传感网络，研究有效且高精度的能量到达预测模型。针对天、月、季节和年等不同时间段的吸收能量差异性，根据应用需求，建立了基于核偏最小二乘方法的四种类型能量预测模型。对于实际部署的能量获取型无线传感网络，能量管理需要通过不同时间段的能量预测来支撑，并充分利用获取能量最大化网络性能。因此，本书的目标就是提出一种有效的能量预测方法去延长预测时间并增加预测精度。

4.2.1.1 能量获取型无线传感网络能量到达模型及预测方法

在能量获取型无线传感网络中，要充分利用获取的能量，每个传感节点就需要预报未来一段时间可获取的能量。因此，传感节点通常安装可预测的外部能量源（如太阳能），并记录每个时间间隔的获取能量。能量预测方法就是通过历史记录的获取能量数据，来预测传感节点未来可获得的能量。例如，图 4.2 - 1 显示传感节点不同天数获取太阳能能量的情况。这个能量预测的目标就是通过过去获取的能量数据来预测未来一段时间的能量吸收情况。现有的能量预测方法主要集中在短期能量预测，如几小时或几天。本书把时间段分为四个阶段，分别为天，月，季节和年，不同时间段使用不同的预测模型。

4.2.1.2 基于核偏最小二乘模型太阳能预测方法

该方法具体思路是从自变量集合 X 中提取成分 t_h（$h = 1，2，\cdots$），各成分相互独立；然后，建立这些成分与自变量 X 的回归方程，其关键在于成分的提取。当反应变量空间

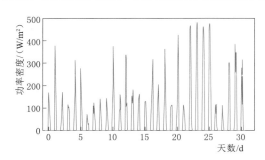

图 4.2 - 1　不同天的太阳能能量变化情况

与解释变量空间存在着非线性关系或复杂关系时，将其解释变量空间通过非线性变换转化为另一个空间中的线性关系，利用线性模型算法予以分析。这种变换空间称为特征空间（featureSpace，F），把这种变换称为映射（mapping，Φ）。该方法利用了解释变量空间的非线性核。核偏最小二乘把输入变量 $\{x_i\}_{i=1}^n$ 通过非线性变换映射到特征空间 F 中，它在再生希尔伯特空间和 F 空间建立连接。Rosipal 和 Trejo 已经把线性最小二乘模型扩展到非线性核形式。这种扩展在空间 F 中有效地代表线性偏最小二乘模型构建。Φ 表示 $n \times S$ 矩阵从 χ 空间数据 $\Phi(x)$ 映射到一个 S 维特征空间 F。提高了成分的计算速度. 这种思想是当 $n \ll N$ 时，计算 $n \times n$ 的 XX^T 矩阵，而不是计算 $N \times N$ 的 $X^T X$。基于再生核的希尔伯特空间理论，可以得到基于核偏的最小二乘算法。基于核偏最小二乘回归具体算法步骤如下：

（1）选择核函数，将解释变量空间 X 及其映射 Φ 中心化，同时，将反应变量空间 Y 正则化。

（2）随机初始化反应变量空间潜变量 u。

（3）计算解释变量空间潜变量 t。

$$t = Ku$$

（4）正则化解释潜变量。

$$t = t / \| t \|$$

（5）计算反应变量空间潜变量的权重向量 c。

$$c = Y't$$

（6）计算反应变量空间潜变量 u。

$$u = Yc$$

（7）正则化反应潜变量。

$$u = u / \| u \|$$

（8）重复步骤（3）～（7），直至收敛。

（9）计算特征空间和反应变量空间的残差空间。

$$K \leftarrow (\boldsymbol{I} - tt')K(\boldsymbol{I} - tt')$$

$$Y \leftarrow Y - tt'Y$$

I 是一个 n 维恒等矩阵。如果分别从矩阵 $KYYT$ 和 YYT 提取 t、u 成分，可以得到一个简化的核 PLS 算法。

（10）重复以上步骤，直至达到所需的潜变量数。

（11）计算特征空间回归系数。

$$\beta = U(T'KU)^{-1}T'Y$$

4.2.1.3 基于核偏最小二乘模型的能量到达预测模型

本书提出了一种预测未来一段时间的能量到达预测模型。该模型包括天，月，季节和年四个阶段。根据核最小二乘方法，通过过去的能量获取情况建立每个阶段的能量预测模型。首先，定义了能量到达预测模型的输入变量和输出变量。对于输入变量，选择太阳辐射、平均风速、环境温度作为输入变量，在预测的时间段内，总的太阳辐射包括 T 个时隙。输出变量指总预测时间段每个时间的输出功率。在能量预测过程中，预测包括两个部分：第一个部分主要考虑不同时间段能量预测需求，如天，月，季节和年；第二个部分根据预测需求反映能量预测。目标是不仅要适合短期能量预测还要适合长期能量预测。基于核偏最小二乘的预测算法如下：

输入：具体的预测时间间隔长度 L 和输入变量 X。

输出：输出变量 $\hat{Y}$。

步骤 1：输入预测时间间隔长度 L 的值。

步骤 2：基于核偏最小二乘模型的训练和 L 的值来建立变量 Φ_{it}，K。

步骤 3：基于核偏最小二乘模型计算回归系数

$$a_i = \Phi_{it}^{\mathrm{T}} U(T^{\mathrm{T}}KU)^{-1}T^{\mathrm{T}}Y, 1 \leqslant i \leqslant 5$$

步骤 4：根据预测间隔长度 L 选择相应的预测模型。

步骤 5：执行能量预测模块 Energy _ Pred（L，a_i，Φ_{it}）

Procedure Energy _ Pred（L，a_i，Φ_{it}）

    If $L =$ days

        Then $\hat{Y} = \Phi_{2t}a_2$

    If $L =$ month

        Then $\hat{Y} = \Phi_{3t}a_3$

    If $L =$ season

        Then $\hat{Y} = \Phi_{4t}a_4$

    If $L =$ year

    Then $\hat{Y} = \Phi_{5t}a_5$

对于上述预测算法，要求输入预测间隔长度 L，然后根据 T 的值，计算相应的变量，如 Φ_{it}，K。在步骤 3 中，要求计算核偏最小二乘回归系数 a_i，其中 i 表示预测间隔长度的类型。例如 $i = 2$ 时，a_i 表示预测几天的能量回归系数。步骤 4 和 5，主要是调用能量预测过程模块来计算能量预测的最终能量值。

4.2.1.4　性能评估

采用公共太阳能数据，对提出的基于核偏最小二乘的能量预测算法具体性能进行评估。太阳能板技术上称为光伏电池，它能把光能传换为电能。光伏模块采用太阳能板模型，具体描述如下：太阳能板朝南，有 18.5° 的倾斜。太阳能辐射值约为 $1000\text{W}/\text{m}^2$，单晶的太阳能电池板和多晶太阳能电池板变化在 15%～18% 入射太阳光了转化成电能。这个转换器通常有 90% 的直流转交流效率。其他因素（如线损失和电池组上的污垢）导致性能另外有 10% 的减少。在光伏太阳能板上使用的技术与计算机芯片和其他固态电子元件上使用的技术相同。使用真实的太阳能数据将提出的能量到达预测算法与其他典型的能量预测方法 EWMA 和 WCMA 作比较。对所有实验，L 值表示预测间隔长度和每个预测间隔长度分为 24 个时隙。得出预测间隔长为天和月的能量预测比较结果，具体结果如图 4.2-2 和图 4.2-3 所示。

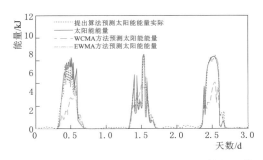
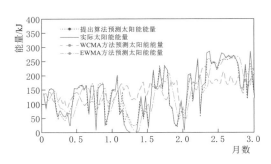

图 4.2-2　预测间隔为天的能量预测结果比较　　图 4.2-3　预测间隔长度为月的能量预测结果比较

从图 4.2-2 可知，提出的基于核偏最小二乘能量预测方法比 WCMA 和 EWMA 方法有更高的预测精度，EWMA 方法的预测误差小于 WCMA，这个结果不同于目前所得出的结论。通过进一步分析发现，环境温度对能量预测精度起着重要的作用。预测模型没有考虑平均风速和环境温度等因素。对于图 4.2-3，提出方法预测精度同样优于其他方法，但是所有能量预测算法的预测误差都比图 4.2-2 的结果更大。

为了进一步评估提出能量预测方法的性能，设置不同的预测间隔长度 L，本书提出方法与 EWMA、WCMA 预测误差对比的结果见表 4.2-1。

表 4.2-1　　　　　　　　　　　预　测　误　差　对　比　结　果

项目	天	月	季节	年
本书提出方法	5.3%	6.2%	13.6%	16.3%
EWMA	10.6%	15.9%	16.1%	23.4%
WCMA	30.2%	40.5%	44.4%	50.2%

从表 4.2-1 可以看出，本书提出方法的预测误差与其他方法相比为最小。此外，所有能量预测算法随着预测间隔长度的增加而增加。以上结果证实了本书提出的能量预测方法的有效性。

4.2.1.5　小结

在研究中提出了面向能量获取型无线传感网络的基于核偏最小二乘的能量到达预测方

法。针对目前的能量预测方法能量预测间隔长度主要集中在小时和天，提出了适合不同能量预测间隔长度的能量预测方法，能量间隔长度覆盖天、月、季节和年。本书首先分析了影响能量获取型无线传感网络能量吸收的因素，在此基础上，通过对核偏最小二乘模型的分析，提出基于核偏最小二乘的能量预测方法。仿真结果表明，在真实的太阳能数据实验环境和不同能量预测间隔长度条件下，本书提出的能量预测方法与目前典型的能量预测方法相比，预测误差最小。

4.2.2　基于能量获取最大化监测频率方法

随着无线传感网络技术的发展，国内外学者开展了将无线传感网络应用于生态环境监测、工农业和自然灾害等领域的研究。在这些应用领域，无线传感网络需要协调传感节点的监测以及收到和处理监测信息。然而传感基于电池供电的无线传感网络，由于无线传感网络成本和能量受限的原因，目前监测性能无法得到有效提高。近几年国内外学者相继研发了各种无线传感器能量获取技术，随着这些外部环境能量获取技术的出现，能量获取型传感器网络必将为生态环境持续有效监测提供应用基础。与此同时，目前利用能量获取型传感器网络也出现了新的问题，这个问题就是在当前电池供电传感器网络基础上建立的监测效用、监测覆盖、节点定位、数据传输技术及协议、数据收集技术等不适合能量获取型传感网络。目前生态环境监测面对的最基本问题在于如何提高在监测节点连通且覆盖被监测点条件下的监测感知效用，即如何解决基于连通覆盖约束的能量动态获取型无线传感网络监测效用问题。

监测效用的提高，首先要考虑能量受限问题，即围绕延长监测节点的寿命展开研究；其次，在考虑监测节点覆盖时，同样是通过智能优化算法（如遗传算法、粒子群算法等）优化各监测节点的发射功率，在满足监测覆盖率的情况下，最小化监测节点能耗，达到延长监测节点寿命的目的，所以此类研究不适合长期持续性监测的应用领域。

4.2.2.1　网络模型及能量获取模型

考虑一个能量获取无线传感网络 G（$V \cup Z \cup s$，E），其中 $V = \{v_1, v_2, \cdots, v_i, v_{i+1}, \cdots, v_n\}$是网络节点集，$Z = \{z_1, z_2, \cdots, z_i, z_{i+1}, \cdots, z_m\}$是监测目标节点集，$s$是汇聚节点，并且 $E = \{e_{ij}\}$ 是所有链路集。每个传感节点 v_i 通过太阳能供电并且有固定的最大传输和监测范围。传感节点部署在固定监测区域。对于每个传感节点，$EC^t(v_i)$表示传感节点 v_i 在时隙 t 的能量消耗，其中 $0 < t < L$。$SE(v_i)$表示传感节点 v_i 在整个 L 个时隙的能量消耗总和。BE（v_i）表示传感节点 v_i 电池容量。

考虑获取太阳能作为传感节点的能量源，并且基于广泛使用的假设，即每个节点在未来一段时间的获取能量虽不可控，但可通过历史能量获取情况来预测。此外，假定整个时间段可分为 L 个时隙，结束后并持续重复。许多能量预测方法被提出，这里采用第 1 部分提出的方法和 EWMA（Kansal et al.，2007）能量预测。EWMA 的能量预测具体公式为

$$\overline{HE(t)} = w \cdot \overline{HE(t-T)} + (1-w) \cdot HE(t-T) \qquad (4.2-1)$$

式中：w 为给定的权重；$\overline{HE(t)}$ 为时隙 t 预测的获取能量；$HE(t-T)$ 为在时隙 $t-T$ 的实际获取能量。

根据上述能量预测公式，传感节点 $v_i \in V$ 在接下来 L 个时隙的能量定义如下：

$$SE(v_i) = \min\{BE(v_i), RE(v_i) + \sum_{t=1}^{L} \overline{HE}(t)\} \qquad (4.2-2)$$

式中：$BE(v_i)$ 为电池容量；$RE(v_i)$ 为当前时刻 t 传感节点 v_i 的剩余能量。

下面根据最大监测频率要求，优化问题定义如下：

$$\max\left[\sum_{t=1}^{L}\sum_{i=1}^{m} FM_t(z_i)\right] \qquad (4.2-3)$$

$s.t.$

$$|FM_t(z_i) - FM_t(z_j)| < d \quad z_i, z_j \in Z, i \neq j, 1 \leq i \leq m, 1 \leq j \leq m, 1 \leq t \leq L \qquad (4.2-4)$$

$$N_t(z_i) \geq 1 \quad 1 \leq t \leq L, 1 \leq i \leq m \qquad (4.2-5)$$

$$P(C(z_i), R) = 1 \quad z_i \in Z, 1 \leq i \leq m \qquad (4.2-6)$$

$$0 \leq SE(v_i, l_i) \leq \min\left[BE(v_i, l_i), RE(v_i, l_i) + \sum_{t=1}^{L} \overline{E_h}(l_i)\right] \qquad (4.2-7)$$

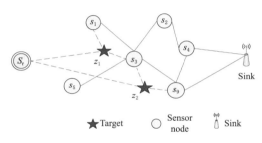

图 4.2-4 基于虚拟源节点 S_r 的网络模型 $G(V, E)$

4.2.2.2 提出优化算法

第一步：构建能量获取型无线传感监测网络模型。如图 4.2-4 所示，通过添加一个虚拟源节点 S_r，建立虚拟源节点连接所有目标节点 z_i 与传感节点 s_i 之间的连接关系，建立网络模型 $G(V, E)$。

第二步：建立监测节点间链路权重。利用指数加权移动平均方法预测各个监测节点的获取能量 $SE(s_i)$。根据预测的各个监测节点的获取能量 $SE(s_i)$、监测一次目标所需的能量 $EZ_j(s_i)$，以及转发一次监测信息所需的能量 $EF_j(s_i)$，计算有连接关系的虚拟源节点与目标节点间、目标节点与监测节点间以及监测节点间链路权重，具体计算公式如下：

$$w(S_r, z_i) = w(z_i, s_i) = EZ_j(s_i), \quad w(s_i, s_j) = \min(SE(s_i), SE(s_j))$$
$$w(S_r, z_1) = w(z_1, s_1) = EZ_j(s_1), \quad w(s_1, s_3) = \min(SE(s_1), SE(s_3)) = 20。$$

第三步：监测网络拓扑分解。采用节点分裂操作进行拓扑分解，建立分解后的监测网络 $G_d(V', E')$。对于监测网络链路 (s_i, s_j)，监测节点 s_i 用两个节点 s_i' 和 s_i'' 以及监测节点 s_j 用两个节点 s_j' 和 s_j''，链路 (s_i, s_j) 分裂操作后的链路包括为 (s_i', s_i'')，(s_i'', s_i')，(s_j', s_j'')，(s_j'', s_j')，(s_i', s_j'')，(s_j'', s_i')，(s_j', s_i'')，(s_i'', s_j')。相应的链路权重为 $w(s_i', s_i'') = w(s_i'', s_i') = SE(s_i)$；$w(s_j', s_j'') = w(s_j'', s_j') = SE(s_j)$；$w(s_i', s_j'') = w(s_j'', s_i') = 0$，$w(s_j', s_i'') = w(s_i'', s_j') = \min(SE(s_i), SE(s_j))$。如图 4.2-5 所示，链路 (s_1, s_2) 分裂操作后的链路包括 (s_1', s_2'')、(s_i'', s_i')、(s_j', s_j'')、(s_j'', s_j')、(s_i', s_j'')、(s_j'', s_i')、(s_j', s_i'')、(s_i'', s_j')。

第四步：计算最大能量流路径。如果不存在最大能量流路径，则转到第七步，否则根据分解后的监测网络，计算虚拟源节点 S_r 到接收节点 Sink 的最大能量流路径，然后依次对各路径进行反向操作，减去路径上节点的监测所需能量值。如图 4.2－6 所示，计算后的能量流路径按下列操作更新链路权重，具体如下：

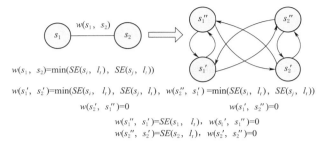

$$w(s_1,\ s_2)=\min(SE(s_i,\ l_t),\ SE(s_j,\ l_t))$$
$$w(s_1',\ s_2')=\min(SE(s_i,\ l_t),\ SE(s_j,\ l_t)),\ w(s_2'',\ s_1')=\min(SE(s_i,\ l_t),\ SE(s_j,\ l_t))$$
$$w(s_2',\ s_1'')=0 \qquad\qquad w(s_1',\ s_2'')=0$$
$$w(s_1'',\ s_1')=SE(s_1,\ l_t),\ w(s_1',\ s_1'')=0$$
$$w(s_2'',\ s_2')=SE(s_2,\ l_t),\ w(s_2',\ s_2'')=0$$

图 4.2－5　节点分解操作

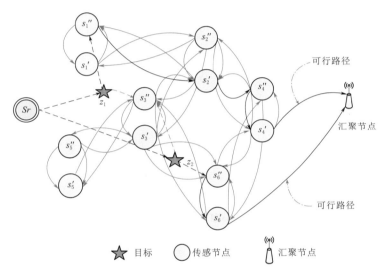

图 4.2－6　可行路径的计算

对于最大能量流路径上的所有链路，如果链路（p_i，p_j）两节点 p_i 和 p_j 符合以下节点类型要求，即（$p_i=z_i$）且（$p_j=s_i''$ 或 $p_j=s_j'$），则节点的能量值及链路权重值更新如下：

$$SE(p_j)=SE(p_j)-[EZ_i(p_j)+EF(p_j)]$$
$$w(p_i,p_j)=w(p_i,p_j)-EZ_i(p_j)$$
$$w(p_j,p_i)=w(p_j,p_i)+EZ_i(p_j)$$

如果链路（p_i，p_j）两节点 p_i 和 p_j 符合类型要求（$p_i=s_i''$ 或 $p_i=s_i'$ 以及 $p_j=s_i''$ 或 $p_j=s_j'$），则节点的能量值及链路权重值更新如下：

$$SE(p_j)=SE(p_j)-[ER_i(p_j)+EF(p_j)]$$
$$w(p_i,p_j)=w(p_i,p_j)-[ER_i(p_j)+EF(p_j)]$$
$$w(p_j,p_i)=w(p_j,p_i)+[ER_i(p_j)+EF(p_j)]$$

如果链路（p_i，p_j）两节点 p_i 和 p_j 符合类型要求为 $p_i=Sr$ 与 $p_j=z_j$，则节点的能量值及链路权重值更新如下：

$$E(p_j) = SE(p_j) - EZ_i(p_j)$$
$$w(p_i, p_j) = w(p_i, p_j) - EZ_i(p_j)$$
$$w(p_j, p_i) = w(p_j, p_i) + EZ_i(p_j)$$

第五步：更新监测频率 $FM(z_i) = FM(z_i) + 1$，$i = 1, 2, 3, \cdots, m$。

第六步：更新监测网络链路权重，对于在分解监测网络 $G_d(V', E')$ 中的每一条链路 (q_i, q_j)，如果两节点 p_i 和 p_j 符合类型要求为（$q_i = Sr$ 和 $q_j = z_j$）或 [$q_i = z_i$ 和（$q_j = s_j''$ 或 $q_j = s_j'$）]，则链路权重值更新为 $w(q_i, q_j) = EZ_j(s_i)$，否则链路权重值更新为 $w(q_i, q_j) = \min\{SE(q_i), SE(q_j)\}$，更新结束后，返回第四步。

第七步：输出目标监测频率 $FM(z_i)$，$i = 1, 2, 3, \cdots, m$。

4.2.2.3 性能分析

考虑 50 节点和 10 个目标节点，随机分布到 1000m×1000m 区域，传输和监测距离分别为 250m 和 200m。节点和目标分布情况以及基于传输距离的节点间通信网络如图 4.2-7 所示。现有算法主要集中于覆盖质量，很少用于解决保证覆盖连通下的最大化监测频率问题。因此，将提出算法与最短路径（TMR-SHP）以及覆盖效用目标监测（TMR-CU）进行比较，比较结果见表 4.2-2 和表 4.2-3。

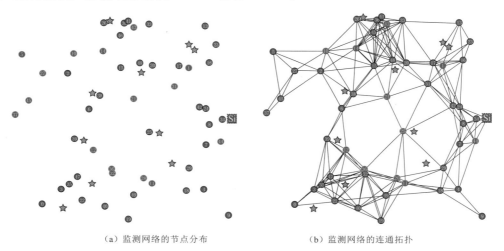

（a）监测网络的节点分布　　　　　（b）监测网络的连通拓扑

图 4.2-7　监测网络

表 4.2-2　　　　最大化监测频率比较

监测方法	提出的 MFTCC	分布式 MFTCC	TMR-CU	TMR-SHP
最大化监测频率	123.5	112.2	102.7	45.6
能量利用率	35.86%	21.34%	18.98%	5.23%

表 4.2-3　　　　监测目标的公平性比较

监测方法	提出的 MFTCC	分布式 MFTCC	TMR-CU	TMR-SHP
任意两目标节点间的监测频率差	1	1	8	10

由表 4.2-2 可知，提出算法的平均监测频率和能量利用率高于其他算法。此外，表 4.2-2 的比较结果表明提出算法的高能量利用率能充分利用获取能量。而其他算法低的

能量利用率导致获取能量的浪费。尽管表 4.2-2 中，单位能量的监测频率小于其他算法，考虑到消耗能量小于获取能量，所以提算法能改进监测目标的监测频率。表 4.2-3 中显示了监测目标公平性比较结果，从表 4.2-3 可知，提出算法的最大监测频率之差为 1，而其他算法达到 8 和 10。结果证实提出算法有较好的监测公平性。

为进一步验证提出算法在最大化监测频率和能量利用率性能。同样考虑 50～100 个节点和 10～35 个目标节点随机分布在 1000m×1000m，其他参数设置见表 4.2-4 所示。

表 4.2-4　　　　　　　　　　参　数　设　置

区域大小	1000m×1000m	传感节点数/个	50～100
最大传输范围/m	250	目标节点数量/个	10～35
传感节点最大监测范围/m	200	传感节点获取能量范围	20～30（能量单元）

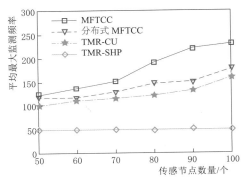

图 4.2-8　平均最大监测频率比较
（注：MFTCC 为提出 MFTCC 方法；Distributed MFTCC 为分布式 MFTCC 方法；TMR-CU 为基于随机选择监测方法；TMR-SHP 为基于最短路径选择监测方法。）

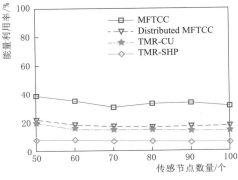

图 4.2-9　能量利用率比较
（注：MFTCC 为提出 MFTCC 方法；Distributed MFTCC 为分布式 MFTCC 方法；TMR-CU 为基于随机选择监测方法；TMR-SHP 为基于最短路径选择监测方法。）

由图 4.2-8～图 4.2-10 可知，提出算法的平均最大监测频率和能量利用率比其他算法性能更好。在图 4.2-8 中，提出算法的平均最大监测频率随着节点规模的增长而增加，并且提出算法明显超过其他 TMR-CU 和 TMR-SHP 算法。对于 TMR-SHP 算法，平均最大监测频率在 50～100 个节点之间保持相同的值，表示随着节点增加不能改善监测性能。同时，提出算法在能量利用率方面也是高于其他算法。同样，本书提出的 MFTCC 算法能量利用率明显高于其他算法。从图 4.2-9 可以看出，随着传感器节点数的增加，能量利用率呈下降趋势。在图 4.2-10 中，给出了目标监控公平性的比

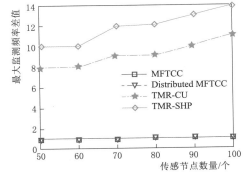

图 4.2-10　目标监测公平性的比较
注：MFTCC 为提出 MFTCC 方法；Distributed MFTCC 为提出分布式 MFTCC 方法；TMR-CU 为基于随机选择监测方法；TMR-SHP 为基于最短路径选择监测方法。

较。从图 4.2 - 10 中可以看出，提出的 MFTCC 算法中，50~100 个节点中任意两个目标节点的监控频率的最大差异均为 1。但是，TMR - CU 和 TMR - SHP 算法在监控频率上的最大差异要高于 MFTCC 算法，验证了 MFTCC 算法对目标监控的公平性。

4.2.2.4 小结

覆盖问题是无线传感器网络中最重要的研究课题之一，相关的研究主要集中在面积、目标和覆盖上，大部分工作集中在提高电池供电无线传感器网络的覆盖质量。为了延长无线传感器网络的使用寿命，人们提出了许多节能覆盖算法。为了解决无线传感器网络中能量供应有限的问题，采用了能量采集技术。考虑到 EH - WSNs 具有连续的能量供应，传统的电池供电 WSNs 的覆盖算法不适用于 EH - WSNs 的质量感知目标覆盖问题。在这项工作中，本书研究了在保证 EH - WSNs 目标覆盖率和连通性的同时，最大化监测频率。与以往的工作不同，本书不仅考虑了监测的质量，保证了目标的覆盖率和连通性；更重要的是，还考虑了每个目标监视的公平性。首先，分析了 EH - WSN 监测循环模型中影响最大监测频率的因素，提出了问题的求解方法。为了解决这一问题，定义了基于剩余电池和每个传感器节点的收获能量的链路权值，并构造了目标和传感器节点之间的虚拟连接。然后根据图论和分布式方法设计了集中式 MFTCC 算法。分析了用 MFTCC 算法计算出的最大监测频率上下限。通过实验仿真，MFTCC 算法在给定的监测周期内达到了最高的监测频率和能源利用率。鉴于所提出的 MFTCC 算法可以根据传输过程中传感器节点的捕获能量动态选择中继节点，仿真结果证实了提出的 MFTCC 算法可以比 TMR - CU 和 TMR - SHP 算法获得更高的监测质量和能量利用率。该方案还表明，提出的 MFTCC 算法利用了收获的能量，提高了监测覆盖质量。此外，在目标监控公平性方面，本书提出的 MFTCC 算法比其他算法具有更好的性能。MFTCC 算法中任意两个目标节点的监视频率的最大差异只有 1，而 TMR - CU、TMR - SHP 算法中的最大差异超过 8。因此，在使用 EH - WSNs 进行数据监测时，与传统的覆盖算法相比，提出的 MFTCC 算法在保证目标覆盖和连通性的质量感知监测方面更有前景。

在未来的工作中，将考虑能量获取的随机性，继续研究目标覆盖问题。由于采收能量的随机性，必须考虑采收能量的长期覆盖性能，EH - WSNs 的目标覆盖问题是未来研究的方向。此外，在 EH - WSNs 中视频目标覆盖的长期性能也是一个未来的研究计划。

4.3 基于太阳能采砂监控的自适应图像传输切换技术

河湖采砂监控主要安装在河湖岸或河湖出入口等区域，而视频监测需要消耗大量的能量，而且部分区域有线传输无法实现，甚至没有无线移动信号覆盖。江西省河流面积大，监测区域广，现有的设备大多是需要放置在有供电设施区域，这种方法不能实现有效监控，无法高效地进行采砂监测。现有的采砂监测装置通常放置在采砂船以及河流有供电设施和移动信号区域，存在不能根据监测节点能量情况在放置区域自适应传输等问题。解决此问题对采砂全过程监管至关重要，可以在很大程度上提升采砂监测的效率和管理水平。

为解决采砂全过程的自适应监控问题，迫切需要开发一种智能的、可持续监测的、信息传输可自适应的图像监测系统。

河湖采砂监测整体传输网络架构见图 4.3-1，传输网络由水政执法前端、视频专网、采砂智慧监管平台和水政执法指挥中心组成。水政执法前端包括动态立体执法和常态固定执法，其中常态固定执法主要通过河岸安装的采砂监控系统对违法现场进行实时监测，即在船上或河岸放置摄影机。定点放置监测摄像机，需要船上有稳定的供电设施或岸边有供电设施，并安装有线网络或需有 4G 移动通信覆盖，这种监控方式不灵活，限制了采砂全过程监控，很难有效地覆盖河流采砂区监控，同时船体电池续航能力低，常常需要人工更换电池，甚至有时无法得到实时图像信息，导致监控信息丢失。

此外，在采砂监测系统的研究中，普遍是利用电池供电或有供电设置区域的监测节点，由于采砂船上固定电池容量有限，在长时间采砂过程中，电池不能及时更换，视频监控能耗大而无法实现持续性监测。

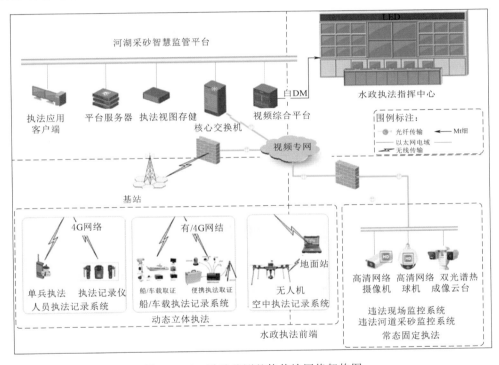

图 4.3-1　采砂监测整体传输网络架构图

因此，要解决目前采砂监测部署、采砂过程持续监测与自适应传输问题，本书提出基于太阳能获取型传感网络的采砂图像监测系统（见图 4.3-2），解决了传统产品续航能力差、安装地点不灵活、不能实时回传监测数据、不能自适应切换传输模式等缺点，实现了采砂图像监测的持续监测和有效传输。

太阳能供电的传感网络采砂图像监测系统采用监控摄像头，结合 GPS 定位信息和太阳能能量预测算法，自适应选择发送视频图像的质量。此外，结合采砂监控节点的剩余能量和监测节点传输反馈情况，自动切换至 4G 网络或无线网桥中断传输至远程服务器，从而达到保证传输质量和传输有效的自适应切换。

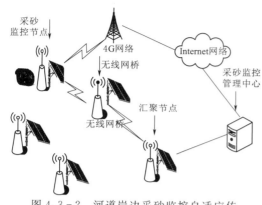

图 4.3-2 河道岸边采砂监控自适应传输切换策略图

基于太阳能供电的无线传感网络采砂监测系统包括图像监测节点装置和监测管理装置。采砂监测节点装置：基于太阳能获取型无线传感器采砂监测节点，该装置包括摄像头、GPS 定位模块、微处理器模块、4G 无线网桥传输模块、无线远程传输 4G 模块一、太阳能供电模块，存储模块；

系统中太阳能供电模块是指太阳能电池板将太阳能转化为电能，为蓄电池充电。采砂图像监测节点装置具有统计预测获取的太阳能量的功能，可根据未来一段时间的能量值来确定是否转换监控图像质量。

其中，摄像头为广角镜头，具有基于红外的夜间拍照功能。

采砂监控节点传输是指采砂监控节点装置基于无线网桥和 4G 远程通信传输模块，图像监测节点装置能够建立多跳传输的无线网络，每个采砂监控节点装置通过有线或无线网桥模块发送、接收或转发监控图像信息。

通过监控节点的剩余能量和太阳能预测能量情况，选择不同监控图像质量，可以自适应监控和传输图像数据，防止因能量不足而监控中断；采用太阳能电池板进行供电，可以大幅度地提升设备使用时间；采用预测获取能量的算法和 4G 信号检测算法，自适应选择发送监控图像质量到无线网桥中断节点至有线网络，可以防止因为设备能量不足或 4G 信号转弱所导致的图片发送失败或丢失。

4.4 能量获取监控网络远距离协作传输技术

无线传感网络作为物联网的关键技术之一，已广泛应用于生态环境、工农业、桥梁建设等领域。然而，无线传感网络低成本带来的能量供应受限、传输距离受限、计算能力受限等问题，成为制约其发展的主要因素。当前河流保护作为国家生态文明建设的重要组成部分，采砂监控是当前河流管理工作的重要内容。然而，目前大部分河流湖泊地处偏远，很多区域移动基站不能有效覆盖，管理机构与所管辖河湖距离相对较远。此外，监测区域没有有线的电力供应设施，而无线传感网络传输距离受限以及长距离中继转发设备耗电量大，造成采砂监控信息不能进行有效传输。因此，在不增加整体功率消耗的基础上提高无线传感网络传输距离的技术研究成为当前关注的焦点。

协作波束形成技术为实现无线传感网络的远距离传输提供了技术解决方案。该技术增加传输距离的原理主要是：通过对多个传感节点进行合作通信，对各个节点信号进行加权合成，在目标方向上形成符合要求的传输信号，不仅实现了远距离传输，还降低了整体传输能耗。当前围绕基于协作波束形成的无线传感网络远距离传输技术研究主要包括随机节点分布的波束形成主瓣性能分析、协作波束形成节点选择、波束形成的旁瓣控制等。

传统方法虽然在基于协同波束形成的无线传感网络远距离传输中取得了一定成绩，但没有针对监测应用的实际需求，即传输距离条件下的主瓣增益具体要求，以及在该要求下最小化旁瓣增益进而减少对其他非意向接收方向的干扰。

针对目前基于波束形成的无线传感网络远距离传输的研究分析和存在的问题，本书提出了一种基于改进的高斯骨架差分算法的无线传感网络远距离传输方法。该方法考虑了传输距离要求下的主瓣具体增益要求，在此基础上最小化最大旁瓣增益，通过对高斯骨架差分算法的改进，根据每个节点的剩余能量设置发射功率相应的上下界，并在优化过程中，根据对适应函数贡献度进行动态优化，不仅降低了算法复杂度，也加快了算法的收敛速度。

根据当前河湖采砂相关监测区域实际需求和参与 OCHIAI 等建立的模型情况，建立无线传感网络采砂监测的远距离传输模型，如图 4.4 - 1 所示。假定三维坐标 xy 平面为水环境监测区域，在该区域分布有 n 个监测节点 $\{s_1, s_2, \cdots, s_n\}$，每个节点的坐标采用极坐标表示为 (r_i, ψ_i)，其中 $i = 1, 2, \cdots, n$。在监测区域远端收集监测信息的接收节点，其坐标为 (D, θ_0, ϕ_0)，其中 D 表示坐标原点到接收节点的距离，θ_0 为目标节点与 z 轴的夹角，取值范围为 $[0, \pi]$，ϕ 为目标节点与 x 轴的夹角，取值范围为 $[-\pi/2, \pi/2]$。

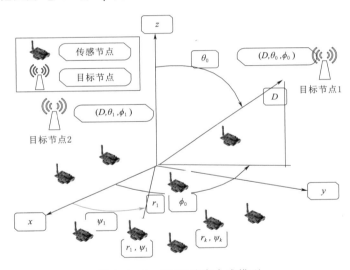

图 4.4 - 1　WSN 波束合成模型

通常情况下，WSN 波束合成传输模型包含两种：一种是闭环模式；另一种是开环模式。这两种模式的区别在于，闭环模式需要已知传感节点与目标节点的距离信息，而开环模式要已知节点间的相对位置信息。本书采用闭环模式，以图 4.4 - 1 为例进行说明分析，设当前传感节点信息传输的意向目标节点为目标节点 1。

设 $d_k(\theta, \phi)$ 为传感节点 k 到目标节点 1 的欧氏距离，P_k 为传感节点的发射功率，目标节点坐标为 (D_0, θ_0, ϕ_0)。那么 $d_k(\theta, \phi)$ 可表示为

$$d_k(\theta, \phi) = \sqrt{D^2 + r_k^2 - r_k^2 D \sin\theta \cos(\phi - \Psi_k)} \tag{4.4-1}$$

每个传感节点的初始相位设置为

$$\Psi_k = -\frac{2\pi}{\lambda} d_k(\phi_0, \theta_0) \tag{4.4-2}$$

其中，λ 表示发射信号的波长，则相应 n 个节点的波束合成阵列因子为

$$AF(\theta,\phi) = \sum_{k=1}^{n} \sqrt{P_k}\, e^{j\Psi_k}\, e^{j\frac{2\pi}{\lambda}d_k(\theta,\phi)} = \sum_{k=1}^{n} \sqrt{P_k}\, e^{j\frac{2\pi}{\lambda}[d_k(\theta,\phi)-d_k(\theta_0,\phi_0)]} \qquad (4.4-3)$$

由式（4.4-3）的阵列因子可以看出，当每个传感节点的初始相位设定为式（4.4-2）时，波束合成阵列因子在目标节点 1 的角度 (ϕ_0,θ_0) 上达到最大值。

4.4.1　问题描述与优化模型

WSN 监测的波束合成远距离传输取决于传感节点的位置和相位同步，为了更加清晰地描述 WSN 波束合成优化问题，分别以规则圆形传感节点分布和随机传感节点分布为例进行说明（见图 4.4-2 和图 4.4-3）。设目标节点位置 θ 和 ϕ 值都为 0。图 4.4-2（a）和图 4.4-3（a）分别对应传感节点采用规则的圆形分布和随机分布情况，其阵列因子方向图 $AF(\theta,\phi)$ 的结果分别如图 4.4-2（b）和图 4.2-3（b）所示。

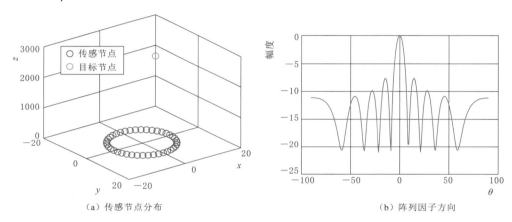

（a）传感节点分布　　　　　　　　　　（b）阵列因子方向

图 4.4-2　圆形阵列波束合成实例

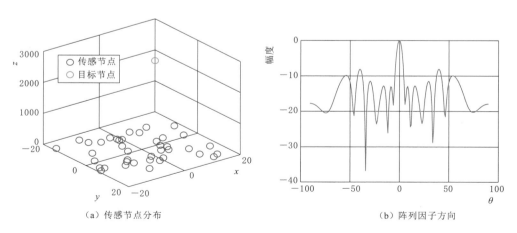

（a）传感节点分布　　　　　　　　　　（b）阵列因子方向

图 4.4-3　随机部署阵列波束合成实例

由图 4.4-2 和图 4.4-3 可以看出，规则圆形的阵列因子方向图从主瓣到旁瓣呈衰减

趋势，而传感节点随机分布的阵列因子方向图的旁瓣衰减没有规律，其幅值有高有低。由式（4.4-3）可以看出，旁瓣幅值的大小随节点位置和发射功率系数的变化而变化，因此，对于随机分布的无线传感网络节点，在保证主瓣方向幅值的同时，要减少相对应旁瓣的幅度。如图 4.4-3 所示，当旁瓣幅值在 θ_1 方向过大时，旁瓣幅度过大将会影响或干扰其他非意向目标节点 2 接收其他传感节点的信息。

由上述分析可知，长距离传输的优化目标就是在目标方向上（即主瓣方向）天线辐射强度能够达到传输要求，其他旁瓣方向辐射强度要小，避免造成不必要的干扰。因此，建立如下优化模型

$$\min \cdot \max_{\phi \in [-\pi/2, \pi/2], \phi \neq \phi_0} \left\{ \left| AF\left(\frac{\pi}{2}, \phi\right) \right|^2 \right\} \tag{4.4-4}$$

$$\text{s. t.}$$

$$\left| AF\left(\frac{\pi}{2}, \phi_0\right) \right|^2 \geqslant \Gamma \tag{4.4-5}$$

$$0 \leqslant P_k \leqslant 1 \quad k = 1, 2, \cdots, n \tag{4.4-6}$$

该模式中，式（4.4-4）为优化目标；式（4.4-5）为主瓣辐射强度条件，Γ 为归一化主瓣辐射强度，即优化后主瓣辐射强度与所有节点采用最大发射功率的主瓣辐射值之比；式（4.4-6）是假定发射节点在 0～1 之间，1 表示节点允许的最大发射功率。

由于式（4.4-4）是非凸的，需要启发式算法进行解决。但需要说明的是，这里的优化模型与 SUN 等提出的方法不同。SUN 等提出的方法将主瓣和旁瓣进行线性组合，主要针对非意向接收方向的最小化最大旁瓣问题，虽设置了主瓣和旁瓣辐射强度的权重（分别设置为 1 和 5），但这种加入主瓣权重的最小化，优化目标一定程度上还会使主瓣增益减少，而且方法没有对主瓣辐射强度提出具体要求。此外，在本书提出的优化模型中，式（4.4-4）的优化目标是除了接收方向以外，最小化其他非意向接收方向的最大旁瓣峰值，如图 4.4-4 所示。

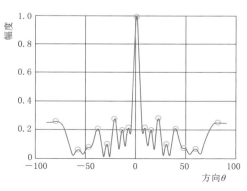

图 4.4-4　阵列因子辐射强度的峰值

4.4.2　基于改进高斯骨架差分进化算法的传输优化方法

差分进化算法也是一种基于群体差异的智能启发式算法。近年来，专家学者提出了许多改进的差分进化算法，在不同程度上改进了差分算法的性能，并在许多应用领域取得了较好的效果。其中，基于高斯骨架差分算法在多峰值函数上具有较好的性能。因此，针对波束合成阵列因子的多峰值特性，提出基于改进高斯骨架差分进化算法的波束合成传输优化方法。本书首先介绍高斯骨架差分进化算法与传统进化差分算法的区别，然后描述高斯骨架差分进化算法，最后给出基于改进高斯骨架差分进化算法的波束合成传输优化方法。

高斯骨架差分进化算法与传统进化算法的区别主要体现在种群变异过程。在变异阶

段，传统的差分进化算法主要根据当前母群体线性组合产生，而高斯骨架差分进化的变异值由符合基于当前个体和全局最优的高斯分布产生。

（1）高斯骨架差分进化算法主要过程描述如下：

1）初始化：设有 M 个候选解矢量组成的一个群体，M 为群体规模。假定每个候选解的矢量表示为 $X_i^t = (x_{i,1}^t, x_{i,1}^t, \cdots, x_{i,n}^t)$，其中 n 表示为每个矢量有 N 维，t 表示差分进化算法中的第 t 代。在参数取值范围内，随机初始化产生群体 M 个候选解矢量。

2）变异操作：根据高斯分布 N（μ，σ）产生相应的变异矢量 V_i^t，其中，$\mu = (X_{\text{best}}^t + X_i^t)/2, \sigma = |X_{\text{best}}^t - X_i^t|$。具体公式为

$$V_i^t \leftarrow N(\mu, \sigma) \tag{4.4-7}$$

3）交叉操作：先定义产生用于交叉操作的试验个体。根据变异矢量 V_i^t，根据下列交叉操作产生试验个体矢量

$$U_{i,j}^t = \begin{cases} V_{i,j}^t, \text{rand}(0,1) \leqslant CR \\ U_{i,j}^t, \text{rand}(0,1) > CR \end{cases} \tag{4.4-8}$$

4）选择操作：根据贪婪策略，选择更优的个体进行更新，具体更新操作为

$$X_i^t = \begin{cases} U_i^t, f(U_i^t) \leqslant f(X_i^t) \\ X_i^t, f(U_i^t) > f(X_i^t) \end{cases} \tag{4.4-9}$$

为了有效利用高斯骨架差分进化算法解决基于波束合成的远距离传输的优化问题，本书提出了改进高斯骨架差分进化算法，主要目的是为了加速对旁瓣影响大的个体的收敛性。该算法主要体现在交叉过程，如果变异个体的旁瓣值未优于当前个体的值，则该个体此次迭代不进行交叉操作，并且当变异个体在不影响主瓣要求下，降低当前个体的发射功率。而对于原始高斯骨架差分进化算法，不管当前旁瓣值是否优于当前个体的值，都进行交叉操作，会试探寻找更差的组合，从而使收敛时间更长。

（2）改进高斯骨架差分进化算法的具体实现步骤如下：

1）初始化 M 个候选解矢量，每个矢量 N 维分别对应波束合成的 n 个节点，初始解矢量在节点发射功率范围内随机产生。此外，初始化迭代次数为 L，交叉概率为 CR。

2）对每个候选解矢量 X_i^t，根据式（4.4-7）的高斯分布进行变异操作，产生变异矢量 V_i^t，即产生每个节点变异的发射功率值。

3）定义试验个体矢量 U_i^t，然后根据式（4.4-8）进行交叉操作，在对矢量每一维进行交叉操作时，判断变异的旁瓣值是否优于现有的值，如果未优于现有的值，在不影响主瓣要求的情况下降低当前维节点的发射功率。

4）评估试验个体矢量是否优化当前个体矢量进行选择操作，其适应函数按照下式进行计算

$$f\left(\frac{\pi}{2}, \phi, P\right) = \left(\Gamma - \max_{\phi \in [-\pi/2, \pi/2], \phi \neq \phi_0} \left\{ \left| AF\left(\frac{\pi}{2}, \phi\right) \right|^2 \right\} + \min\left\{ \left| AF\left(\frac{\pi}{2}, \phi_0\right) \right|^2, \Gamma \right\} \right)/\Gamma \tag{4.4-10}$$

式中：P 为各个节点发射功率矢量，对应候选解矢量值。

上述适应函数表明，当旁瓣中最大幅值更小时将产生更大的适应值，当主瓣值越大，

适应值也越大，但是当主瓣值达到要求时，适应函数更侧重旁瓣的适应值，符合优化目标。当试验矢量适应值大于现有矢量值时，则更新当前矢量值，否则不更新。当试验矢量适应值优于最优值时，同样更新最优值。

5）重复步骤2）～5）直到迭代结束，输出每个参与波束合成节点的发射功率值。

4.4.3　传输性能分析

为验证提出的优化算法在 WSN 波束合成远距离传输的性能，根据采砂监测研究目标和实验要求，选取江西省某流域为例，进行该区域监控节点的传输优化方法验证。其水域面积为 3690m×2660m，结合实际需求，计划在该水域部署无线传感网络，并将其分为三个区域，每个区域部署 30 个节点，分别随机分布在 500m×500m 的区域范围内。设定一块区域为仿真区域，该区域中心位置距离管理处的接收节点 3230m，坐标 x 以接收节点方向为参照，设定接收节点与 x 轴的夹角 $\phi = 0°$。

根据上述提出的模块和方法，对提出的改进高斯骨架差分算法（简称 RGBED）分别与随机优化、CCB 算法进行对比分析，并对阵列因子进行归一化。假定 30 个节点协作波束传输距离大于监测区域与管理中心的距离，并要求归一化主瓣辐射强度需要不小于最大传输距离的 0.75。考虑到天气及水域面积变化对传输的影响，分别对应于不同传输强度要求，设定归一化主瓣辐射强度为 $\Gamma = 0.75$ 和 $\Gamma = 0.80$。各算法都采用与式（4.4-10）相同的适应函数，根据方法的收敛分析，在迭代 100 次左右接近收敛。因此，这里迭代次数均限定为 100 次来衡量各算法的性能。优化的计算结果如图 4.4-5 及表 4.4-1 所示。

表 4.4-1　　　　　不同优化算法的发射功率优化结果（$\Gamma = 0.75$）

节点编号	1	2	3	4	5	6	7	8	9	10	11	12	13	14	15
CCB	0.94	0.46	0.28	0.98	0.99	0.87	0.99	0.84	1.0	0.79	0.95	0.87	0.98	0.98	0.93
RGBED	1.00	1.00	0.00	0.83	1.00	1.00	0.95	1.00	1.00	0.59	1.00	0.77	0.33	1.00	0.57
Random	0.59	0.37	0.2	0.79	0.95	0.92	0.62	0.3	0.023	0.073	0.85	0.52	0.6	0.57	0.42
节点编号	16	17	18	19	20	21	22	23	24	25	26	27	28	29	30
CCB	0.99	0.67	0.91	0.87	0.97	0.85	0.86	0.88	0.96	0.76	0.96	0.85	0.85	0.73	
RGBED	1.00	1.00	0.87	1.00	0.28	1.00	1.00	0.74	1.00	1.00	0.81	1.00	1.00	0.87	0.32
Random	0.10	0.79	0.39	1.00	0.83	0.14	0.95	0.43	0.89	0.46	0.26	0.46	0.92	0.76	0.80

图 4.4-5 可以看出，在主瓣辐射强度部分，虽然 CCB 优化方法具有最高辐射幅度值，但由于设定接收节点方向的传输要求为 $\Gamma = 0.75$，达到该要求才能使监测传感节点的信息无线发送到接收节点。RGBED 算法在同样满足主瓣要求的情况下，旁瓣幅值要小于 CCB 算法。此外，对于随机优化，虽然旁瓣幅值较小，但由于主瓣辐射强度离传输要求相差较大，无法将信息传输到目标节点。通过产生相同规模传输节点数量的随机分布试验和多次仿真分析，在 $\Gamma = 0.75$ 及 $\Gamma = 0.80$ 的归一化主瓣幅度要求下，在最小旁瓣增益性能方面，RGBED 算法较 CCB 方法提升了 6.8%～10.2%，较随机优化方法提升了 31.8%～34.4%。从整体性能来看，RGBED 算法实现了在主瓣幅度条件下的旁瓣最小化

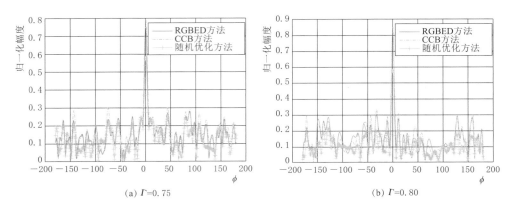

(a) $\Gamma=0.75$ (b) $\Gamma=0.80$

图 4.4-5 传感节点阵列因子方向图

优化目标，也验证了提出优化算法的有效性。

此外，由表 4.4-1 传感节点发射功率的优化结果可以看出，RGBED 算法最大归一化发射功率值 1，说明在优化过程中，这些节点对主瓣幅度贡献大，而对旁瓣影响较小，加速了算法收敛，间接验证了改进算法的有效性。而随机优化并没有体现这一点，不能有效区别节点发射功率对主瓣和旁瓣的影响程度。

为进一步验证 RGBED 算法的有效性，同样在上述水环境监测区场景下，考虑对 30~60 个不同规模节点数量进行统计分析。在 $500m \times 500m$ 的区域范围内，分别对每个不同节点数量规模分别随机建立 1000 次统计分析，扩展最大迭代次数到 1000 次，设定主瓣辐射条件同样为 $\Gamma=0.75$，$\Gamma=0.80$。对主瓣和旁瓣进行统计分析，统计主瓣符合要求的次数，旁瓣则分别统计三个优化方法的最小值数量。具体统计结果见表 4.4-2。

由表 4.4-2 可以看出，CCB 和 RGBED 算法在主瓣满足条件方法都具有较大占比，基本满足传输条件，RGBED 算法稍低于 CCB 算法。但在旁瓣最优占比方面，RGBED 算法明显优于 CCB 算法，也间接验证了 RGBED 算法能够较好地满足优化要求。虽然随机优化在旁瓣最优占比方面优于其他算法，但是以牺牲主瓣要求为代价，在主瓣未达到条件时，无法有效实现远距离传输。

表 4.4-2 不同优化算法的主瓣和旁瓣值统计结果

最优次数算法	$\Gamma=0.75$		$\Gamma=0.80$	
	主瓣满足条件次数占比/%	旁瓣最优次数占比/%	主瓣满足条件次数占比/%	旁瓣最优次数占比/%
CCB	98.95	1.26	93.38	1.08
RGBED	98.81	35.53	92.63	39.70
Random	1.21	61.21	0.82	59.22

因此，从以上两方面验证分析结果看，在实际环境下，优化算法能够实现在规定传输距离下减少其他方法的干扰，验证了优化算法在远距离传输波束合成优化方面的有效性，为采砂监测远距离传输提供理论和技术参考，也为实际部署提供理论支撑。

4.4.4　结论

在偏远采砂监测区域，实现远距离传输对采砂监测有着重要意义。本书针对采砂监测面临的远距离传输问题，开展了在采砂监测远距离要求下基于协作波束形成技术的远距离传输优化方法研究，得出相关结论如下：

（1）根据采砂监测区域与接收节点之间的远距离传输需求，即协作波束形成主瓣增益要达到一定要求才能建立通信以及当前监测区域需要尽可能减少对其他非意向接收节点的干扰，以监测区域周边远距离接收节点的传输特性为依据，以协作波束形成主瓣增益大于要求值为约束，建立了最小化非意向接收节点方向的最大化旁瓣为目标的协作波束形成传输优化模型，该模型不仅考虑了监测的远距离传输需求，而且考虑了减少对其他非意向接收节点的干扰。

（2）设计了适合优化模型的优化适应函数，并提出了一种改进的高斯骨架差分优化算法用于优化远距离传输的节点发射功率。仿真结果表明，提出优化算法在交叉过程中实时判别变异个体的旁瓣值，提高了监测节点协作波束的主瓣和旁瓣性能，加速了算法在监测节点功率优化过程中的收敛速度。

（3）实验分析表明在不同主瓣要求下，RGBED算法与典型CCB算法、随机优化等方法相比，在满足主瓣传输要求的同时，RGBED算法最小旁瓣增益性能方面较CCB算法提升了6.8%～10.2%，较随机优化方法提升了31.8%～33.4%，有效验证了该方法的正确性和有效性。此外，从优化后的主瓣和旁瓣值统计结果来看，RGBED算法旁瓣最优次数占比高于CCB算法34.27%，验证了方法的可行性。

上述面向采砂监测的无线传感网络远距离传输方法研究，为解决偏远地区采砂监测的远距离传输提供了相关理论和技术支撑。未来将以此为基础，将该方法进一步结合节点传输同步、数据分发等技术，完善传感网络采砂监测远距离传输配套技术和硬件开发等问题，为促进河湖监测网络建设提供技术支撑。

4.5　本章小结

本章设计了采砂监测与传输网络的总体架构，在此基础上提出了采砂全过程自适应的监测技术、基于太阳能采砂监控的自适应图像传输切换技术、能量获取监控网络远距离协作传输技术。在自适应传输方面，由于部分监控节点布设在无供电设施区域，自适应传输技术可根据太阳能获取以及4G网络的信号等情况，自适应切换至传输质量较好的线路。在远距离传输方面，采用协作波束技术，多个采砂监控节点或部署的环境节点协作远距离传输采砂监控信息，为实现偏远区域河湖采砂智能监管提供了技术支撑。

第 5 章

采砂智慧监管平台集成技术

　　针对传统河湖采砂管理存在的人力投入大、无序采砂行为"看不到"、"逮不着"、执法难、智能化程度低等难点，面向河湖采砂管理中的船只管理、轨迹跟踪、行为识别、采砂量管理、网络传输、报警取证等需求，构建了采砂船识别与跟踪-采砂行为研判-采砂量监测统计-预警与取证-执法过程管理等采砂智慧监管技术体系。通过对采砂智慧监管、分布式数据存储、多源大数据融合、可视化智能预警、采砂一张图构建等技术进行集成，研发了江西省河湖采砂智慧监管系统，提供看得见、方便查、能预警的现代化综合监管平台，实现河湖采砂对从业者、采砂船（车）、砂场等全要素管理以及规划、许可、开采、运输和销售全链条监管。

5.1　系统集成总体思路

　　河湖采砂智慧监管平台技术集成思路如图 5.1-1 所示。

　　（1）分布式数据存储技术。传统存储虽然技术成熟、性能良好、可用性高，但面对海量数据，存在扩展性差、成本高等问题。为此，采用分布式数据存储技术更能满足河湖采砂海量数据存储需求。分布式存储系统有 HDFS、Ceph、GFS、Switf 等多种实现技术。根据存储类型可分为块状存储、对象存储和文件存储。通过对比多项主流分布式存储技术特点，选择了 HDFS 分布式文件系统，该系统具有高容错性，适合有超大数据集的应用程序。

　　（2）多源大数据融合技术。采砂监管数据的复杂多样性是源于获取数据技术手段的多样性、多时空性和多尺度、存储格式统一等。将前端感知的采砂船识别、采砂行为跟踪、采量监测统计、违采预警等多组传感器数据进行多级别、多方面、多层次的处理和组合，实现多源异构采砂监管数据的信息融合，结合不同数据源的特点，从中提取统一标准的有用信息，增加数据可信度、减少数据模糊性，提升系统可靠性，为采砂智慧监管夯实数据基础。

　　（3）可视化智能预警技术。可视化智能预警技术是在智能视频监控技术基础上，融合了多元传感技术和人工智能技术。通常采用图像处理、模式识别和计算机视觉技术，通过在监控系统中增加智能视频分析模块，借助计算机强大的数据处理能力过滤掉视频画面无用的或干扰的信息、自动识别不同物体，分析抽取视频源中的关键信息，快速准确地定位违采现场，直观判断监控画面中的异常情况，并快速发出预警和预判分析，从而有效进行

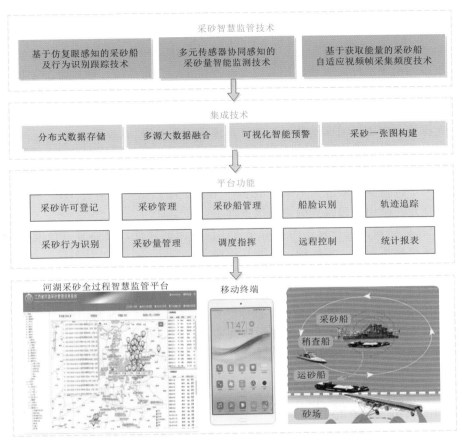

图 5.1-1　河湖采砂智慧监管平台技术集成思路图

事前预警、事中处理、事后取证的全自动、全天候、实时监控、指挥、控制的智能化、综合性管理体系。

（4）采砂一张图构建技术。基于 GIS 展示功能在采砂监管一张图框架下，实现地理信息数据资源在线服务，主要包含数据服务、专题服务、地图服务、影像服务、功能服务等。平台通过 Arcgis API for JavaScript 对地图服务进行二次开发。江西水利数据共建共享系统通过 Arcgis 服务发布出符合 OGC 标准的服务接口供其他系统调用。河湖采砂智慧监管系统使用 Arcgis API，对相应的服务地址进行配置，调用所需的图层数据，实现基础底图和专题图的接入，并展示行政区划、河流水系、交通道路、居民地分布等基础数据，以采区位置分布、采砂船只分布、采砂船轨迹、采砂行为监测、视频图像等采砂监管专题。

（5）网络集成。计算机网络是河湖采砂智慧监管系统控制和信息管理的中枢神经，其逻辑功能是建立统一的计算和信息服务平台，支持各项子系统间的协调工作，提供船载远程监测、重要水域视频监测和采砂现场监测管理的运行环境和信息共享基础，从而实现涉砂区域采砂船只识别与预警、采砂行为跟踪与预警、采砂量监测与预警、违法取证与执法管理等。

（6）硬件集成。河湖采砂智慧监管系统的硬件集成主要包括船载监控设备、重要水域视频监控设备等采砂监控装置及应用服务器的集成。硬件集成采用的主要技术包括接口技术、测站集成技术、通信组网技术和中心集成技术等。系统从布设在各采砂船上的船载监控设备至船载监控主机、至分中心、再至中心，逐级运用硬件连接与集成技术实施系统硬件体系的集成。由于采砂区视频监控系统存在点位多，分布广等，硬件设备在数据传输方面须支持有线网络、无线网络、4G/5G 等多种数据传输方式。相关的系统集成技术涉及系统设计、设备选型、接口技术、通信组网、结构化布线、组装调试和系统测试等。

（7）支撑技术集成。河湖采砂智慧监管系统采用浏览器/服务器（Brower/Server，B/S）的技术架构研发，Web 浏览器是客户端最主要的应用软件。这种模式统一了客户端，将系统功能实现的核心部分集中到服务器上，简化了系统的开发、维护和使用；客户机上只需要安装一个浏览器，服务器上安装 MySql 等数据库；浏览器通过 Web Server 同数据库进行数据交互。采用这种模式的主要优点如下：

1）可以在任何地方进行操作而不用安装任何专门的软件，只要有一台能上网的电脑就能使用，客户端零安装、零维护，系统易扩展。

2）由需求推动了 AJAX 技术的发展，它的程序也能在客户端电脑上进行部分处理，从而大大地减轻了服务器的负担；并增加了交互性，能进行局部实时刷新。

3）利用了不断成熟的 Web 浏览器技术。结合浏览器的多种脚本语言和 ActiveX 技术，用通用浏览器实现原来需要复杂专用软件才能实现的强大功能，节约了开发成本。

4）跨平台的数据交互方式。只要系统提供了该种方式的数据访问接口，则其他系统都可以获取该系统接口提供的数据。

5.2 分布式数据存储技术

在主流的分布式存储技术中，HDFS/GPFS/GFS 属于文件存储，Swift 属于对象存储，而 Ceph 可支持块存储、对象存储和文件存储，故称为统一存储。几种主流的分布式存储技术特点对比见表 5.2-1。综合考虑适合的分布式存储技术和底层硬件的兼容性、产品的成熟度、风险性、运维要求等，选择 HDFS 分布式存储技术。

表 5.2-1　　　　　　分布式存储技术特点对比表

分布式存储	平台属性	系统架构	数据存储方式	元数据节点数量	数据冗余	数据一致性	分块大小	适用场景
HDFS	开源	中心化架构	文件	1个（主备）	多副本/纠删码	过程一致性	128MB	大数据
GFS	闭源	中心化架构	文件	1个	多副本/纠删码	最终一致性	64MB	大文件连续读写
Ceph	开源	去中心化架构	块、文件对象	多个	多副本/纠删码	强一致性	4MB	频繁读写
Swift	开源	去中心化架构	对象	多个	多副本/纠删码	弱一致性	视对象大小	云的对象存储
Lustre	开源	中心化架构	文件	无	无	强一致性	1MB	HPC 超算

HDFS（hadoop distributed file system），是一个适合运行在通用硬件上的分布式文件系统，是 Hadoop 的核心子项目，是基于流数据模式访问和处理超大文件的需求而开发的。该系统效仿了谷歌文件系统（GFS），是 GFS 的一个简化和开源版本。

5.2.1　文件存储方式

随着河湖采砂智慧监管系统的应用，其数据量将不断增加，同时存在结构化和非结构化的数据。要保障系统正常使用，提高系统运行效率，首先要解决数据的存储问题。因此，除做好对传统关系型数据库的存储外，还必须对非结构化数据进行处理。通常情况下，会将非结构化的数据库全部存储在基于 Hadoop 的 HBase 中。这种存储方式的优点在于对数据的管理非常方便，存储也较为简单，仅需根据 HBase 中提供的 API 接口即可将文件单独存为一个列族。但这种存储模式的缺点在于写性能差，主要因为切分 Region 时必须要阻塞写操作，同时在合并 HFile 时要占用很大的 I/O 资源，从而严重影响对数据的写性能。因此，结合上述问题，提出引入 HDFS 存储系统，将系统产生的文件全部存储到 HDFS 文件存储系统上，将存储地址储存在 HBase 文件储存系统中，从而避免频繁的合并与切分，提高数据处理性能。采用该存储模式时，HDFS 存储系统中会产生很多小的文件，从而严重影响 HDFS 存储系统的性能。因此，当文件达到一定数量时，将这些小文件全部写入到 MapFile 文件中，其中将文件的 id 作为文件的键值，而 value 则作为文件的内容。文件检索时，只需要搜索 key-value 中的 key 就可以实现快速检索。具体存储流程如图 5.2-1 所示。

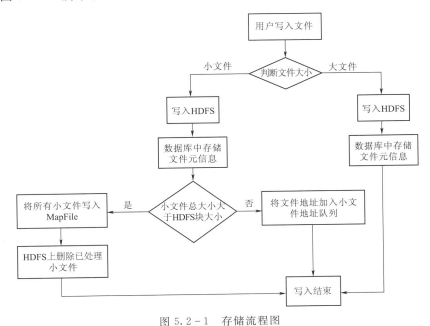

图 5.2-1　存储流程图

5.2.2　分布式处理系统

设计分布式处理系统的目标是利用 MapReduce 并行算法，提升系统数据处理和运算能力，从而提高系统运行效率。MapReduce 并行算法中，包含 Map 和 Reduce 两部分。其中 Map 算法主要数据分配到各个数据节点中，分别进行运算；Reduce 算法是将计算的结果进行汇聚，再将结果展示出来。对此，在完成对不同格式数据进行存储后，从系统结构角度，设计系统整体的分布式处理系统模型（见图 5.2-2）。

图 5.2-2 中将收集到的数据和通信获取的数据进行转换，同时通过 MapReduce 来加快文件的合并，并分配到多个服务器中进行数据的处理。通过这种方式快速完成对文件的合并，并存入到 MapFile 文件。

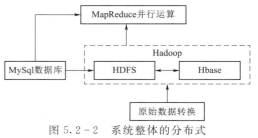

图 5.2-2　系统整体的分布式
处理系统模型设计图

5.3　多源大数据融合技术

将可采区、禁采区、堆砂区、船载等的实时视频数据、采砂量监测数据、船只定位数据等海量数据进行融合，实现采砂"规划-许可-开采-运输-销售"全链条智慧监管。

数据融合本质上是利用计算机对各种信息源进行处理、控制和决策的一体化过程。数据融合系统的功能主要有检测、相关、识别和估计。数据融合可分为检测级融合、位置级融合、属性（目标识别）级融合、态势评估和威胁估计五级。与采砂系统相关的主要是属性级融合，也称为目标识别级融合。它是指对来自多个传感器的目标识别数据进行组合，以得到对目标身份的联合估计。属性级融合利用多个传感器采集观测目标的数据，在进行特征提取和数据联合，将同一目标进行分组，再利用融合算法将同一目标的分组数据进行合成，最后得到该目标的联合属性判决，即得到目标的类型和类别。根据融合的位置不同，属性级融合分为三种方法，决策级融合、特征级融合、数据级融合。

（1）数据融合可被形象地理解为：将 X 的 n 个分块信息经变换，其中 X 为值未知的实体。根据融合程度不同由低到高依次分为数据层、特征层及决策层融合（见图 5.3-1）。

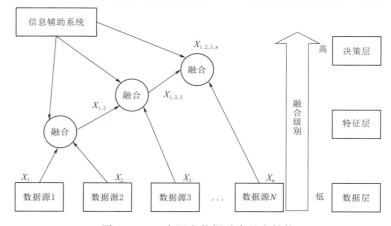

图 5.3-1　多源大数据融合基本结构

1）数据层融合：这一层融合是最基本、最简单的融合。一般采用直接计算方法从所有的监测对象数据源提取所需要的特征状态量。虽然所得到的结果更贴近于真实值，但由于模型限制，在数据层中能分析综合的数据种类要求单一。

2）特征层融合：该层融合属于中等层次的融合。常规方法是对原有数据源的特征相量进行提取，再与上一层提取的初级融合的特征量进行结合，做关联分析和特征融合，得到几个较大的对状态判断和模式识别起决定作用的特征向量。

3）决策层聚合：该层融合是所有层次中最高级别的。一般是利用所得到的决策向量结合相关算法做出分类、推理、识别、判断等决策。

（2）对于特征级和决策级两类较高层次的数据融合，信息处理主要步骤包括信息采集、数据预处理、特征提取、融合计算、输出结果，如图5.3-2所示。

1）信息采集：信息采集环节指利用多源传感器在目标环境中获取原始的待测信息，如采砂船只图像数据、采砂行为监控数据、采砂量动态监测数据等。

2）数据预处理：根据所得数据的实际情况和应用要求，对数据进行一定程度的预处理，包括不一致性消除（剔除异常数据）、填补缺失数据（均值填充、滤波）和数据标准化等操作，预处理后的数据具有更高的质量。

3）特征提取：特征提取从预处理后的数据中提取反映待测目标信息的特征信息，压缩数据的同时保留数据应有特征，有利于提高后续数据处理效率。

4）融合计算：融合计算是指利用一种或多种多源数据融合算法，完成对特征数据的融合处理。特征提取和融合计算是整个融合处理过程的核心。

5）输出结果：根据融合计算得到的数据，通过一定的决策规则，获取最终的决策结果进行输出。

图5.3-2　多源数据融合处理步骤

根据多源大数据融合特有的三层结构，按照河湖采砂智慧监管系统信息可共享、可交互、高效率的要求，采用将数据三层结构映射至系统三层结构的原理搭建融合框架。数据层对应传感测量层，特征层对应业务数据管理层，决策层对应应用层。传感测量层采集监测数据，通过网络线路将数据传输到数据融合中心并完成存储和分析处理。配备了No-SQL、HDFS等工具的数据管理层能够对数据进一步存储和分布计算处理，特别是利用MapReduce编程模型构建大规模集群点对海量数据进行快速分析。在应用层将数据实现具体应用，保障系统平稳可靠运行。

5.4　可视化智能预警技术

随着科技的发展，各种前端感知设备的功能越来越完善，前端感知设备的智能视频分析技术在预警系统中深入应用，视频监控与预警联动的可视化预警成为一种新模式。采砂可视化预警决策进程分为 4 个步骤：

（1）发现问题并形成决策目标，包括建立决策模型、拟订方案和确定效果度量，这是决策活动的起点。

（2）用概率定量地描述每个方案所产生结果的可能性。

（3）决策人员对各种结局进行定量评价，一般用效用值来定量表示。对各种结果的价值所做的定量估计。

（4）综合分析各方面信息，最后决定方案的取舍，研究原始数据发生变化时对最优解的影响，确定对方案有较大影响的参量范围。决策采用迭代过程。借助计算机决策支持系统来完成，即用计算机来辅助确定目标、拟订方案、分析评价以及模拟验证等工作。在此过程中，结合人机交互方式，由采砂监管决策人员提供各种不同方案的参量并选择方案。

5.5 采砂一张图构建技术

以江西省电子地图（1∶25 万比例尺，重要河道周围采用 1∶1 万比例尺）为基础，在基础地理图层上叠加采区、采砂船、运砂船、采砂船停靠点、砂场、断面等图层信息，图形化展示河湖采砂关键要素的基础底图、监测数据、业务数据等，具体如下：

（1）基础底图。基础底图为 2.5m 精度的影像数据及重点区域空间分辨率高于 1M 的高分辨率影像数据，包括行政区划、居民地、水系、道路、堤防工程、地形地貌等要素。

（2）监测数据。监测数据主要包括针对涉砂重点水域获取的实时监测数据和历史监测数据，以视频数据、图像数据、声音数据、文本表格为主。系统对管理范围内登记的采砂船、运砂船等进行可视化监控，包括运行状态、装载状态、作业状态、轨迹状态等。借助电子围栏技术，对采区设置电子围栏，并通过设定时间段、划定界限和选定船只等条件参数和判定规则，对船只出现越界、超时等异常行为自动进行监测告警。

（3）业务数据。

1）规划数据。河砂资源分布，禁采区案件记录、可采区、保留区、集中停靠点规划等数据。

2）执法数据。报警预警、执法过程、违法证据等数据。

3）日常巡查。巡查任务、巡查轨迹、巡查记录、巡查问题、处理过程等数据。

4）管理数据。船舶名称、船检登记号、采砂许可、采运单、开采量统计等数据。

5.6 系统架构及数据库设计

5.6.1 总体架构

为更好地组织、指导河湖采砂管理和监督工作，实现有据可循可查，按照"统一规划、分步实施、集约高效、先进实用"的原则，充分利用分布式数据存储、多源大数据融合、可视化智能预警、采砂一张图构建等技术，设计研发了河湖采砂智慧监管系统，实现采砂船跟踪-采砂行为研判-采砂量监测-预警与取证-执法管理等功能。该平台总体架构包括用户层、业务应用层、应用支撑层、数据存储层、网络传输层、信息采集层等六个层次以及信息安全体系和标准规范体系，系统总体架构如图5.6-1所示。

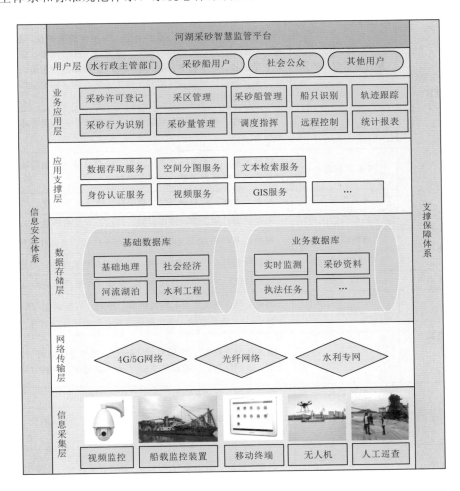

图 5.6-1　系统总体架构图

5.6.2　数据库表

（1）基础数据库。基础数据库包括数据中心采砂对象数据库、监测设备类、水利工程类、自然资源类、机构人员信息类、政策法规类等数据。基础数据库表需与数据中心采砂相关数据库共享同步，基础数据库定期与已建数据中心基础数据库的采砂数据、基础数据进行数据交换。因此，基础数据库也可称为共享数据库。基础数据库主要对象信息的主要字段描述见表5.6-1。

表 5.6－1 基础数据库表字段描述

数据类别	数据库表	主 要 字 段
数据中心采砂对象数据库	船只基本信息表	船只代号、船舶名称、船舶类型、每小时采砂量、船检登记号、每小时的采砂量、船检证书编号、船籍港、采砂功率、证书性质、作业登记证号、电子标签标志、船只图片、振动系数起始、振动系数终止、采区标记、开始采区时间、结束采区时间、额定采砂量、当前采砂量、是否启用等
	船只基本信息年表	船只代号、船舶名称、船舶类型、每小时的采砂量、船检登记号、每小时的采砂量、船检证书编号、船籍港、采砂功率、证书性质、作业登记证号、电子标签标志、船只图片、振动系数起始、振动系数终止、采区标记、开始采区时间、结束采区时间、额定采砂量、当前采砂量、是否启用等
	采区分区基本信息表	采区名称、所在水域、采区面积、管理单位、所属行政区域、采区地址等
	可采区信息表	采区名称、所在水域、采区面积、管理单位、所属行政区域、采区地址等以及年可开采量、当前采砂量等
	采区控制点	控制点名称、控制点类型、横坐标、纵坐标、经度、纬度等
	采砂船采砂区间	采砂开始时间、采砂停止时间、时长、本次采砂量、采砂ID
监测设备类	视频监控点	视频点ID、视频点名称、视频点经度纬度、视频状态等
	传感器监测点	传感器点ID、传感器点名称、传感器点经度纬度、传感器状态等
水利工程类	堤防（段）	堤防（段）工程归口管理部门、是否完成划界、是否完成确权等
自然资源类	河流	河流名称、河流类型、河流级别、岸别、河流长度（km）、流域面积（km²）、跨界类型、河口所在位置、河源所在位置等
	湖泊	水面面积（km²）、流域面积（km²）、境外湖泊面积（km²）、跨界类型、运用原则、一般湖底高程（m）、最低湖底高程（m）等
机构人员信息类	组织机构	单位名称、单位代码等
	人员信息	用户名、真实姓名、密码、用户是否可用、所属单位、出生日期、手机号、电子邮件、用户创建日期、性别等
政策法规类	政策法规、规章制度等基本信息表	名称、代码、发布单位、内容、备注、更新时间、发布时间等

（2）业务数据库。

1）采砂业务数据库。采砂监管业务数据库包括监管数据库、指令数据库、信息判定数据库、配置数据库和统计数据库。主要字段描述见表5.6－2。

表 5.6－2 河湖采砂专题数据库表主要字段描述

数据类别	数据库表	主 要 字 段
监管数据库	设备信息表	主键、设备IP、设备ID、设备号码、砂船ID、连接时间、设备编号、设备名称、手机号、经度、纬度、设备描述等
	录像信息表	主键、设备ID、录像时间、录像文件地址、时长、是否已判定等

续表

数据类别	数据库表	主　要　字　段
监管数据库	声音信息表	主键、设备 ID、存储时间、声音文件地址、是否已判定等
	温度信息表	主键、设备 ID、上报时间、非烟囱温度、正常温度、烟囱温度、是否已判定等
	震动信息表	主键、设备 ID、传感器 ID、上报时间、震动参数 1、震动参数 2、震动参数 3、计算标志、是否已判定等
	位置信息表	主键、设备 ID、位置时间、经度信息、纬度信息、经度半球、纬度半球、卫星的 UTC 时间、定位质量指示、使用卫星数量、水平精准、天线离海平面高度、大地水准面高度、原始报文 ID、是否已判定等
指令数据库	操作指令表	主键、设备 ID、操作指令、操作标记、操作时间等
信息判定数据库	声音判定表	主键、存储时间、设备 ID、是否开采等
	温度判定表	主键、上报时间、设备 ID、是否开采等
	震动判定表	主键、上报时间、设备 ID、是否开采等
	位置判定表	主键、设备 ID、位置时间、是否越界、允许开采采区编号、实际所在采区编号、经度、纬度等
配置数据库	文件配置表	主键、录像存储路径、声音存储路径、录像时间、声音时间等
	参数配置表	主键、设备 ID、上阈值、下阈值、参数类型等
统计数据库	砂船超时统计表	主键、设备 ID、开采时间、核定开采时间等
	采区超船统计表	主键、采区 ID、开采时间、实际开采船数、核准开采船数等
	开采当天统计表	主键、设备 ID、开采时间、非法开采量、合法开采量等
	开采历史统计表	主键、设备 ID、开采时间、非法开采量、合法开采量等

2）执法专题数据库。执法专题数据库主要为执法业务服务，主要包括执法类数据库和巡检类数据库。执法类数据库包括执法案件信息表、处罚信息表、执法事项审批表等。巡检类数据库包括巡检任务、巡检区域、巡检点、巡检记录表等。主要字段描述见表 5.6-3。

表 5.6-3　　　　　　　　河湖执法专题数据库表字段描述

数据类别	数据库表	主　要　字　段
执法类数据库	执法案件信息表	案件编号、名称、发现途径描述、状态、受理日期、受理人、主管机关、提供者姓名等
	立（销）案申请表	案件标志、文书种类、案件编号、当事人姓名、联系电话、年龄、性别、职业、违法主体类型、案发时间、来源、描述等
	处罚信息表	案件标志、违法事实、当事人情况、处罚依据、处罚决定、签发意见、罚款金额等
	执法反馈信息	案件标志、案件状态、原因、销案日期、理由、移送原因类别等
	执法事项审批表	案件标志、业务环节代码、文书种类、审批事项、提请审批的理由及依据、备注
	案卷归档	标志、目录、案卷内容、归档日期、案卷名称、编号、类别、存放位置等
	装备基本信息表	标志、装备名称、类别、存放位置、管理单位等

续表

数据类别	数据库表	主 要 字 段
巡检类数据库	巡检任务	任务标志、任务编号、任务内容、巡检内容、计划开始时间、计划结束时间、优先级、执行人、责任人、备注等
	巡检区域	区域名称、代码、行政区编号、面积等
	巡检点	巡检区域编号、名称、代码、更新时间等
	巡检记录表	任务编号、备注、执行人、创建时间、名称、内容、开始时间、结束时间等

（3）空间数据库。为实现空间数据的编辑和更新实时体现在一张图上，以及更好地实现空间数据与其他属性之间的关联，直接采用数据库的空间拓展字段进行各实体空间对象信息的存储。ORACLE、MYSQL、POSTGRESQL 等数据库均提供空间字段拓展支撑。系统可充分利用已有的空间数据成果。

表 5.6 - 4 可利用的空间数据成果

序号	空间数据成果名称	备 注
1	空间基础地理数据库	全省 1：50000 基础数据作为制图基础数据，搭配 1：50000 DEM 数据作为底图进行整体制图
（1）	行政区划分层	行政区划用面状层来表达，包括省（直辖市、自治区）、地级市、县级行政区划层
（2）	行政地名	包括省、省会、地级市、县级、乡镇、村庄
（3）	水系层	水系包含面状水系
（4）	道路交通网络数据	道路线层本身构成连通的道路网络，具有不同类型与级别
（5）	兴趣点数据	丰富的兴趣点数据，依据类型分为多个类别
（6）	业务数据	包含部分水利行业相关数据
2	水利专题地理数据库	
（1）	堤防	
（2）	湖泊	
（3）	流域	
（4）	重点水事矛盾	
（5）	项目	
（6）	事件	
3	影像数据库	
	2.5m 影像数据库	全省 2.5m 影像数据库

（4）管理数据库。管理数据库包括系统数据和元数据。系统数据包括系统功能、配置信息、管理方式以及对数据 ETL 的定义、数据的管理与维护信息；无数据包括菜单表、角色表、用户与权限关联表、角色菜单表等。

5.7 本章小结

　　本章对河湖采砂智慧监管的集成技术和总体架构设计进行了介绍。系统按照"统一规划、分步实施、集约高效、先进实用"的原则，充分利用采砂智慧监管、分布式数据存储、多源大数据融合、可视化智能预警、采砂一张图构建等技术，集成河湖采砂智慧监管系统，涵盖采砂许可管理、采区范围管理、船只管理、"船脸"识别、轨迹追踪、行为识别与管理、采砂量管理、调度指挥、远程控制、报警取证等功能，有效实现河湖采砂全天时全天候全过程智慧监管，为提升河湖采砂监管水平和执法能力提供了有力支撑。

第6章

典型应用案例及效益分析

6.1 采砂智慧监管应用案例

近年来，江西省河道采砂管理信息系统已在江西省内得到较好应用。其中，行政档案信息化管理已在全省 11 个设区市和 6 个省直管县稳定使用 2 年，电子采运单和现场集成监管等成果已在樟树、鄱阳、余干等地实地运行和推广应用。该系统自上线后，运行效果良好，方便了采砂管理人员对相关信息的实时查询和现场分析，极大地提高了监管效率。

基于多元传感器协同感知的采砂量实时监测技术，系统能直观展示江西省采区信息、采区许可、采砂量统计等情况。通过采砂量智能汇总统计，与月报或日报成果进行拟合分析和处理，并依据设定的采砂限制进行告警或提醒，能够有效控制各地河道采砂总量。近年来，该系统已辅助完成了九江鄱阳湖 9 个采区等采砂许可工作。

系统在赣江部分河段运行使用电子采运管理单，一船一单，实时开单（可机打、多种数据来源）上网，通过二维码（扫码填报或查验）实现采砂和运砂的闭环管理，电子单据替代了纸质单据，解决了纸质单填写复杂、易伪造、难识别等问题。同时，平台对采砂船只、车辆进行了统一登记，通过电子围栏、时限设置、开单统计等监督采砂船按照"五定"（定船、定点、定时、定量、定功率）要求作业，在出现违规情况时即时预警，为河道采砂监管和执法提供了有效的信息和依据，

系统基于采砂船只及采砂行为智能识别技术、获取能量的采砂船自适应视频帧采集频度技术等，基本实现了全天候的采砂、装砂、卸砂的视频监控以及超可采区开采的预警告警，即使持续阴雨环境下也能保证稳定可靠的远距离传输，实现历史数据的回溯，节省了现场监管人力，提高了执法效率。

河道采砂管理部门把采砂规划和许可资料、采砂作业及监管单位的组织机构和人员信息以及采砂量的日报、月报台账信息等全部纳入系统管理，规范了采砂行政业务档案资料管理，所有采区规划、许可、开采等数据一图通查，全省采砂船（车）、砂场等资料一目了然，实现了资料管理规范性、准确性、时效性和全面性。

河湖采砂智慧监管系统在江西省鄱阳湖以及省内相关市县河道采砂管理工作中的具体应用功能描述如下：

6.1.1 采砂一张图

以江西省电子地图为基础，在基础地理图层上叠加每年度的可采区和禁采区，直观展

示河湖采砂的地理位置等相关信息。基于地理信息系统（GIS），实时可视化展示采砂、运砂作业的所有船只，通过各类图层的展示（如采砂船名称、采砂船类型、采区名称、热力图和聚点图等图层），将船只的数量和状态图形化地展现在采砂一张图上。此外，系统还提供基础的地图工具，包括地图缩放、标尺、测距、标记和坐标显示，方便用户在地图上进行相关操作。主要功能包括船舶轨迹跟踪、采区动态管理、船舶状态展示、船舶异常行为告警等。

6.1.2　采砂许可登记

当采砂船取得河湖采砂行政许可后，水政监督部门的水政管理员应及时登记采砂许可证，以避免智能化判定模块发生误判。列表输出包括：展示全部采砂许可信息，对于"有效"的采砂许可进行编辑及吊销的操作，选择采区可查询其采砂许可情况。

6.1.3　采区管理

为用户提供采区各项信息的管理功能，主要包括可采区名称、可采区编号、年度、所在河段、年控制采砂量、控制高程、开采面积、开采深度、采砂船条数、招标情况等。同时，可自定义设置筛选条件，快速检索出符合条件的可采区信息。

6.1.4　采砂船管理

为用户提供采砂船各项信息的管理功能，主要包括河道名称、可采区名称、船名船号、船主姓名、采砂功率、吸砂管径、作业方式等。同时，可自定义设置筛选条件，快速检索出符合条件的采砂船信息。

6.1.5　船只识别

基于采砂船只识别和采砂船"船脸"识别技术，实现了过往船只船型自动识别、采砂船身份识别、非法采砂船自动识别及预警等功能，为实现河湖采砂智能化监管提供了技术支撑。通过安装视频监控硬件设备和软件应用，对涉砂重点水域和进出船只进行监控，实时获取并存储现场影像，直观、清晰地分辨水面上船只活动情况，发现疑似违法行为及时侦查和取证；通过识别船只船号和细节特征，确认船只身份，统计船只进出信息。主要功能包括实时视频监控、历史视频回放、图像抓拍等。如遇突发事件还可及时调看现场画面并进行实时录像，记录事件发生时间、地点、及时报警联动执法部门进行处理，事后可对事件发生视频资料进行查询分析，具体如下：

（1）图像视频监控功能。

1）实时视频监控与历史视频回放：该功能依托的硬件设备为热成像双光谱云台摄像机，该设备具备热成像机芯与可见光机芯两种机芯，可采集到热成像视频图像与可见光视频图像两种图像，根据不同业务应用需求可分别调阅不同的视频图像。在能见度良好的情况下，可利用可见光视频查看船只详细情况；在能见度较差的天气情况以及夜间低照度环境下可利用热成像视频图像查看船只轮廓及动态信息（见图6.1-1）。可见光图像分辨率为1920×1080，热成像图像分辨率为640×512。

此外，还能将拍摄到的视频资料进行存储，回放拍摄到的历史视频资料，供监管人员调用。

(a) 可见光成像　　　　　　　　　　　　　　(b) 热成像

图 6.1-1　可见光及热成像的成像效果示意图

2）采砂船识别：该功能依托的硬件设备为热成像双光谱云台摄像机，可对过往船只进行运动侦测，当船只进入检测区域、经过检测线以及离开检测区域时，摄像机两个通道可分别对船只进行图片抓拍，单独记录保存（见图 6.1-2）。

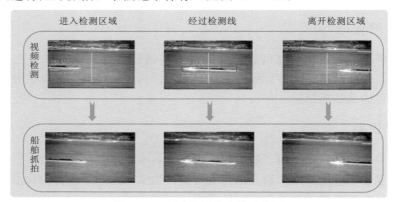

图 6.1-2　图像抓拍功能示意图

（2）船只检测监控功能。

1）船只参数估算（见图 6.1-3）：此功能模块是通过热成像双光谱云台摄像机内置的船只检测计数模块、长度和高度估算分析模块、速度估算模块等智能分析算法，对采集到的热成像视频信息进行分析，在统计航道经过船只数量的同时，针对单一船只进行长度、高度、速度值估算，并对上行船与下行船进行区分。

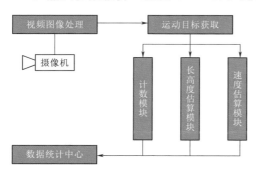

图 6.1-3　船只参数估算功能流程示意

2）可疑船只甄别：利用人工识别阶段建立的船只图像数据库，分析需识别船型的图像特征尺寸提取，研究分析算法，实现同一类型船只的自动识别（如自动识别过往的船只是否为采砂船、采砂船的具体型号和外形参数），再结合目前合法采砂船上安装的 GPS 所提供位置信息，进行比对后，甄别出是否为疑似非法采砂船。

6.1.6 轨迹跟踪

基于采砂行为跟踪技术，系统对管理范围内登记的采砂船、运砂船进行轨迹跟踪。将接收的船只经纬度信息进行处理，实时显示采砂船地理位置，并记录采砂船作业过程中的完整轨迹信息，包括采区名称、船名船号、记录时间、经纬度、采砂状态、是否越界等。发现异常情况及时告警并保留记录作为监管依据。

6.1.7 采砂行为识别

利用安装在采砂船上的船载远程监控装置，自动采集正在采区作业的采砂船定位信息、船只身份信息、图像信息、工作状态、时间等。在系统中，若发现有船只存在超时采砂等异常行为，系统将自动进行告警，在一张图上将告警对象标记为红色闪烁，并通过提示、短信或者待办事项等方式通知给相关管理人员。

6.1.8 采砂量管理

为用户提供采砂量实时监测和采砂量智能分析功能。采砂船采砂作业时，各类传感器实时感知采砂作业数据，自动计算本次采砂量，并将采砂作业数据传输至数据中心。采砂量智能分析是通过船载远程监控装置收集采砂船的采量监测数据、配载信息等，并将采集到的数据进行智能分析和处理，按不同行政区划、采砂船、时间段等条件要求自动统计出相应的采砂总量，并按照设定的采砂限制规则进行超量告警。

6.1.9 调度指挥

为用户提供大屏综合展示功能，实现系统数据的统一呈现、统一监控、统一调度，方便决策者直观清晰地掌握重要数据。

6.1.10 远程控制

为用户提供对采砂作业船只和人员的远程自动监控功能。接收上位机发送的开采计划指令、超时段、超区域、超船数开采告警指令，对采砂船作业人员进行声光电告警。在非开采时间段内，通过转动传感、音频传感、震动传感的采集信息，确认采砂船只的作业情况，发现有开采作业则立即发送告警信息，结合网络摄像机进行远程查看。

6.1.11 统计报表

为用户提供采区实际采砂量、可采区、采砂船配载采砂量、采砂船、运砂船、告警取证等信息的统计报表查询功能。该功能按照监管对象分为三大类，分别是采区采量信息统计报表、涉砂船只信息统计报表、告警信息统计报表。统计报表以饼图或柱状图的形式展示为主。

（1）采区采量信息统计报表。包括采区的实际采砂量统计及查询，即针对试点区域内各个采区的实际采砂量按照时间周期进行统计和查询，并以柱状图的形式展示出采区的开采比例，形成报表，为管理人员提供辅助决策。

（2）许可证采量信息统计报表。与采区采量类似，包括采区规划的采砂量统计及查询，即针对试点区域内各个采区的规划采砂量按照时间周期进行统计和查询，并以柱状图的形式展示出采区的实际开采与规划比例，形成报表，直观地展现给管理人员。

（3）涉砂船只信息统计报表。包含采砂船配载采砂量统计查询、采砂船信息统计报表、运砂船信息统计查询功能，将涉及试点区域采区的采砂船只及运砂的各类数据进行图表化展现。

（4）告警信息统计报表。通过硬件设备监测到的疑似违法行为告警信息进行综合统计，并按照时间周期进行查询，以柱状图形式展现。

6.1.12 系统管理

系统管理模块包括：用户、角色及权限管理模块，监测设备管理模块，以及用户手册三个子模块。用户、角色及权限管理模块根据管理的需要设置管理员级角色用户、省级角色用户、市级角色用户、县级角色用户，并设定各级角色用户的权限；监测设备管理模块是为了监视安装在采砂船上的船载远程监控设备的运行情况；用户手册则是提供详细的系统操作说明文档及下载功能。

河湖采砂智慧监管系统已在江西省河湖采砂监管工作中得到成功应用。此外，基于多传感器协同感知的采砂量实时监测、采砂船及其行为智能识别、基于获取能量的采砂船自适应视频帧采集频度等技术成果也在全国多个县（市、区）的河湖采砂和矿产资源行业中得到推广应用。自成果应用以来，有效提升了监管和执法效率，违法采砂案件大幅减少，为河湖监管提供了重要的技术支撑。

6.2 效益分析

6.2.1 经济效益

本书提出的相关技术属于公益性研究，效益主要体现在社会和生态环境效益，经济效益主要体现为间接经济效益，且难以估算。具体如下：

（1）自本书技术成果应用以来，采砂秩序明显好转，减少了国有砂石资源的流失，推动了区域经济社会发展。

（2）实现了河湖采砂监管从传统的人工监管到智能化监管的转变，大幅降低了管理成本；进一步畅通了相关业务衔接，一线执法效率得到显著提升。

6.2.2 社会效益和生态效益

河湖采砂智慧监管技术成果已在国内河湖采砂、矿产资源、航道维护等监管中得到广泛应用，产生了显著的社会效益和生态效益。具体如下：

（1）构建了采砂协同感知与智慧监管技术体系，在创新河湖采砂监管模式方面取得了重大突破，对行业技术进步作用显著。

（2）技术成果在江西省及其他省份的多个县（市、区）得到推广应用，大幅度减小了违采行为对河道、岸线、堤防工程等造成的破坏和影响，维护了河势稳定，保障了防洪、水利设施、通航等的安全。

（3）技术成果促进了采砂管理秩序的进一步规范，非法采砂案件大幅度减少，部分区域采砂量基本实现"零偷采"，有助于社会稳定发展。

（4）进一步强化了河湖采砂监管，减少了过度采砂造成的水污染问题，改善了河湖水质，有效保障了水生态环境安全。

6.3　应用推广前景

河湖采砂智慧监管技术成果实现了高新技术与河湖砂治理深度融合和协同创新，采砂监管由智能化"天眼"代替"人眼"，具有创新性突出、通用性好、实用性强、成本低、效益大等特点，可广泛应用于省、市、县及采砂企业的河湖采砂治理等工作，有助于提高河湖采砂监管的现代化、信息化、智能化水平，推动河湖砂资源开采由无序向有序、现场管理由粗放型向精细化、采区水域由事故频发向平稳可控、治安环境由混乱无序向平安稳定、砂石码头由随意占用向规范布局等的转变，有利于完善河湖采砂监管体系，在全国范围内河湖采砂监管中具有极大的应用和推广前景。此外，该技术成果还可广泛应用于自然资源、水上交通等相关行业领域。

6.4　本章小结

本章对河湖采砂智慧监管技术成果在江西省的典型应用及其产生的效益进行了介绍。河湖采砂智慧监管一系列关键技术成果已在江西、重庆、湖南、广西等多地推广应用，实现了智能化"天眼"代替"人眼"，提升了河湖采砂监管与执法工作的效率，成效显著，获得了社会和水利行业的广泛认可。

第7章

结 论 与 展 望

7.1 结论

（1）采砂船只及采砂行为智能识别技术。利用改进目标检测和识别算法进行采砂船的定位和识别，将基于改进的目标检测算法 YOLOv4 - tiny 应用于解决复杂环境下船舶实时检测的问题。

首先利用图像标注软件对船舶图像数据进行标注结合公开船舶数据集形成总的数据集，为进一步使背景复杂化以及扩充数据集，使用数据增强算法处理船舶数据集，使用聚类算法得出适用于船舶检测的 Anchorbox；以 YOLOv4 - tiny 为基础，分别对主干网络 Backbone，加强特征融合网络 Neck 以及盒、类预测网络 YOLOHead 进行改进优化，训练目标检测网络得到船舶检测模型，用测试集测试该模型的效果。利用目标检测算法构建的船舶检测模型对水面船舶进行实时和高精度地定位和分类，从而达到对于水面船舶有效监管的目的。

其次对给定的采砂船图片目标进行识别，利用 RetinaNet 目标检测和关键点定位算法实现对船舶的分类预测、框的回归预测以及关键点定位的预测的功能，判断检测到的船只是否属于采砂船，对检测到的采砂船按照其回归框的大小信息进行目标的截取和关键点的保存。

将截取到的采砂船的目标图片传入 FaceNet 目标识别算法，利用同一船舶目标在不同角度等姿态的照片下有高内聚性、不同船舶目标有低耦合性的特性，使用 CNN＋Triplet Mining 的方法，通过 CNN 将截取的采砂船映射到欧式空间的特征向量上，结合不同船舶个体特征的欧式空间特征向量距离较大、同一船舶个体的欧式空间特征向量距离较小的性质，通过同一船舶个体的欧式空间特征向量距离总是小于不同船舶个体的欧式空间特征向量距离这一先验知识训练网络。运用训练好的网络区分识别不同个体的采砂船，从而达到精确识别的目的。通过计算船舶特征 Embedding，采用计算距离使用阈值的方法来判定两张采砂船照片是否属于同一艘采砂船。

（2）多元传感器协同感知的采砂量实时监测技术。采砂量实时监测主要分为采砂监测终端与采砂量计量管理装置两大部分。在对监测采砂船采砂过程的需求分析中，设计出一种可实时监测到采砂船的采砂量、采砂时间以及采砂范围的智能监测终端，并且通过采砂量计量管理装置的深度学习神经网络算法进行智能校正，以确保得到精确值。

采砂智能计量监测系统的主要特点如下：

1）软件硬件结合。将采砂船 DTU 与后端 Web 平台进行结合，通过 4G 通信监管平台能够监管采砂的整个过程，确保采砂过程合理有序地进行，解决了采砂管理困难的问题。

2）提高工作效率。以往的监控方式大多是由人工监视，这种方式会浪费大量的人力物力，并且工作效率也不高，而采砂智能计量监测系统可在采砂过程出现异常情况时自动报警，相关执法人员只需在接收到报警信息后到达位置及时制止即可，不仅节省了时间也防止了徇私舞弊等行为。

3）采砂精准计量。采砂计量通常以运砂车的载量与数量来进行简单的计量，但这种方式在采砂量较大的情况下误差较大，而采砂智能计量监测系统通过智能传感器的监测方式可以得到更加准确的采砂量，并且通过后端的深度学习算法进行校正，实现采砂量精准计量。

（3）基于获取能量的采砂船自适应视频帧采集频度技术。针对河湖采砂区域部分水岸供电设施存在不足造成监控设备监测中断的问题，结合采砂区影响太阳能获取的气候环境要素，建立了基于核偏最小二乘法的采砂监控节点能量到达预测模型，经采砂监测节点的实际能量预测分析，能量预测误差减少至 5.3%，较传统 WCMA 提升达 22.4%。在此基础上，提出基于太阳能获取的采砂区图像监测最大化监测频率方法，采砂区监测节点的实际验证表明，提出方法监测节点最大监测频率平均性能提升 19.5%，有效提升了采砂图像监测次数。在能量利用率方面，监测节点的能量利用率较传统方法提出方法提升了 19.2%，有效利用了获取的太能能量，提升了监测的持续性和有效性。

提出了复杂水域环境下采砂监控信息的自适应传输切换技术，能够在 4G 和多跳中断网络之间根据通信信道情况自适应切换。针对部分水岸监控节点离移动信号覆盖区域较远的情况，提出了基于波束成形的自适应传输技术，有效提升了采砂监控节点的传输能效性能，有效解决了移动信号覆盖不足区域传输难的问题，经实测分析，传输中断率平均降低了 50.1%，有效提升了采砂监控数据稳定传输性能。

（4）采砂智慧监管系统集成与实现。面向河湖采砂管理中的船只管理、轨迹跟踪、行为识别、采砂量管理、网络传输、报警取证等需求，构建了采砂船识别与跟踪-采砂行为研判-采砂量监测统计-预警与取证-执法过程管理等采砂智能化监管技术体系。通过对采砂智慧监管、分布式数据存储、多源大数据融合、可视化智能预警、采砂一张图构建等技术进行集成，研发了河湖采砂智慧监管系统，提供看得见、方便查、能预警的现代化综合监管平台，实现了河道采砂对从业者、采砂船（车）、砂场等全要素管理以及规划、许可、开采、运输和销售全链条监管。

7.2　展望

当前，中国特色社会主义进入新时代，水利改革发展也进入了新时代。我国治水的主要矛盾已经从人民群众对除水害兴水利的需求与水利工程能力不足之间的矛盾，转化为人民群众对水资源水生态水环境的需求与水利行业监管能力不足之间的矛盾。河湖砂石是水系生态的重要组成，也是宝贵的自然资源，采砂行为直接影响河湖的生态健康与自然环境，采砂监管问题长期以来都是社会议论的热点、媒体关注的焦点和政府监管的重点。伴随着信息技术的高速发展，从国家战备到各行业层面都大力推进云计算、大数据、物联网、移动互联和人工智能等技术的创新和深入应用，信息化发展正酝酿着重大变革和新的突破，形成了国家社会经济转型发展的新格局，在社会治理层面，提高治理的信息化水平，契合当前信息化、智能化快速发展的实际。充分利用信息化技术各方面优势，不断提高监管智能化水平能有效解决采砂行为监管难度大等实际问题，开展河湖采砂智慧监管关键技术研究并进行应用示范，既是践行治水管水大方针，也是加快水利改革发展的需要。

河湖采砂智慧监管是集合智能感知前端、网络传输、数据分析处理、智慧应用为一体，涵盖基础地理、空间信息、社会经济、综合业务多类数据和监测监控、监管服务等功能的技术体系。其涉及面广、技术复杂，随着河湖采砂行为的逐渐规范，管理的日益严格，以及专项整治工作的紧密开展，河湖采砂的监管内涵必将进一步深化，在新形势下势必会有新的更高要求，因此，围绕采砂管理与信息化领域，针对智慧监管的研究和探索具有较为深远的研究价值和应用拓展空间。

参 考 文 献

［1］ USMAN M，YANG N，JAN M A，et al. A joint framework for QoS and QoE for video transmission over wireless multimedia sensor networks ［J］. IEEE Transactions on Mobile Computing，2018，17（4）：746－759.

［2］ LAMPROPOULOS G A，BOULTER J F，STROJNIK M，et al. Space-based infrared hyperspectra image processing for background enhancement，target detection，and recognition. Proceedings of SPIE－The International Society for Optical Engineering，1998，3437：328－345.

［3］ HE K，ZHANG X，REN S，et al. Spatial pyramid pooling in deep convolutional networks for visual recognition ［J］. IEEE transactions on pattern analysis and machine intelligence，2015，37（9）：1904－1916.

［4］ SMITH A A W，TEAL M K，VOLES P. The statistical characterization of the sea for the segmentation of maritime images ［C］//Proceedings EC－VIP－MC 2003. 4th EURASIP Conference focused on Video/Image Processing and Multimedia Communications，2003：489－494.

［5］ SANDERSON J G，TEAL M K，ELLIS T J. Characterisation of a Complex Maritime Scene using Fourier Space Analysis to Identify Small Craft ［J］. Image Processing and Its Applications，1999，250－254

［6］ 江玉才，符富果，王炎龙，等. 河道采砂智能监控系统的设计 ［J］. 现代计算机，2014（11）：53－57.

［7］ 程岳寅. 人工智能在水利安防领域的应用及趋势探讨 ［J］. 中国安防，2018（11）：101－105.

［8］ 罗捷. 人工智能在水利工程管理中的应用的浅述 ［J］. 居舍，2019（2）：139.

［9］ 张庆，刘中儒，郭华. 神经网络算法在人工智能识别中的应用研究 ［J］. 江苏通信，2019，35（1）：63－67.

［10］ 姜小俊，黄康，余魁. 浙江水利视频监控云平台研究 ［J］. 水利信息化，2018（6）：67－72.

［11］ 赵歆. 大数据时代黔东南州智慧旅游开发研究 ［J］. 旅游纵览（下半月），2017（1）：35－36.

［12］ 王天奕. 广东省河道采砂动态监控系统研究和实现 ［D］. 广州：华南理工大学，2015.

［13］ 杨山，徐建辉. 安徽数字采砂监管手段在长江河道采砂管理中的应用 ［J］. 中国水利，2006（2）：51－52.

［14］ 孙琦. 长江河道采砂监测系统的设计与实现 ［D］. 大连：大连理工大学，2008.

［15］ 马水山，黄万林，刘前隆，等. 长江河道采砂管理远程可视化实时监控系统 ［J］. 人民长江，2006（10）：50－51，61.

［16］ 管天云，侯春华. 大数据技术在智能管道海量数据分析与挖掘中的应用 ［J］. 现代电信科技，2014（Z1）：71－79.

［17］ 周峰. 大数据背景下档案利用研究与实践 ［J］. 中国档案，2016（9）：70－71.

［18］ 张锋军. 大数据技术研究综述 ［J］. 通信技术，2014（11）：1240－1248.

［19］ 陈全，邓倩妮. 云计算及其关键技术 ［J］. 计算机应用，2009，29（9）：2562－2567.

［20］ 高俊，熊淑云. 分布处理计算机系统研究 ［J］. 现代工业经济和信息化，2016，6（3）：81－82.

［21］ 常浩. 云计算与网格计算 ［J］. 山西电子技术，2010，26（5）：113－115.

［22］ 陈思宏. Webservices 技术应用浅析 ［J］. 计算机光盘软件与应用，2011（9）：24－24.

［23］ 杨涛，刘锦德. Web Services 技术综述———一种面向服务的分布式计算模式 ［J］. 计算机应用，

2004，24（8）：1-4.

［24］ 龚健雅．当代地理信息系统进展综述［J］．测绘与空间地理信息，2004，27（1）：5-11.

［25］ 吴信才，白玉琪，郭玲玲．地理信息系统（GIS）发展现状及展望［J］．计算机工程与应用，2000，36（4）：8-9.

［26］ 李延兴，徐宝祥，胡新康，等．应用地基GPS技术遥感大气柱水汽量的试验研究［J］．应用气象学报，2001，12（1）：61-69.

［27］ 张应福．物联网技术与应用［J］．通信与信息技术，2010（1）：50-53.

［28］ 李坡，吴彤，匡兴华．物联网技术及其应用［J］．国防科技，2011，32（1）：18-22.

［29］ 王玲玲．物联网的关键技术及应用［J］．科技创新与应用，2018，235（15）：167-168.

［30］ 陶福贵，陈帮鹏．物联网体系结构及相关技术研究［J］．电脑知识与技术，2014（20）：4939-4940.

［31］ 张妮，徐文尚，王文文．人工智能技术发展及应用研究综述［J］．煤矿机械，2009，30（2）：4-7.

［32］ 方东菊．人工智能研究［J］．信息与电脑，2016（13）：159-159.

［33］ 安睿．人工智能的应用领域及其未来展望［J］．科技经济导刊，2017（29）：15-15.

［34］ 王义武，杨余旺，于天鹏，等．基于Spark平台的K-means算法的设计与优化［J］．计算机技术与发展，2019，29（3）：72-76.

［35］ 邓青，杨宁．基于Spark框架的改进并行K-means算法研究［J］．智能计算机与应用，2018，8（1）：76-78.

［36］ 段杰，姜岩，唐勇伟，等．基于卡尔曼滤波算法的农业大棚数据融合处理技术研究［J］．中国农机化学报，2018（5）：64-67.

［37］ 李国平，邢建春，王世强．多传感器系统含状态约束的分布式并行卡尔曼滤波算法［J］．计算机与现代化，2018（12）：1-6.

［38］ 施龙超，安玉磊，苏秉华，等．一种改进的基于卡尔曼滤波的背景差分算法［J］．激光与光电子学进展，2018（8）：216-222.

［39］ 林顺海，陈峰，赵国庆，等．基于"河长制"下无人机遥感技术的应用探讨［J］．浙江水利科技，2017，45（4）：23.

［40］ 徐建军．无人机在公安执法工作中的应用与监管［J］．北京警察学院学报，2018（2）：51-56.

［41］ 沈炜炜，丁浩．基于无人机的水上行政检查电子巡查工作机制研究与应用［J］．中国水运，2021（2）：73-75.

［42］ 杨静学，陈亮雄，李伟添，等．无人机航测和水色遥感技术在水库管理和保护范围划界和水资源保护中的应用［J］．广东水利水电，2016（9）：56-61.

［43］ 郭依正．基于多特征融合的医学图像识别研究［D］．镇江：江苏大学，2007.

［44］ 周小四，杨杰，朱一坦．用于监控智能报警系统的图像识别技术［J］．上海交通大学学报，2002，36（4）：498-498.

［45］ 孙凤杰，崔维新，张晋保，等．远程数字视频监控与图像识别技术在电力系统中的应用［J］．电网技术，2005，29（5）：81-84.

［46］ 焦峰．人脸图像识别算法研究［D］．北京：中国科学院计算技术研究所，2002.

［47］ 刘雪芳．基于图像识别技术的应用系统研究［D］．西安：西安电子科技大学，2004.

［48］ 张日升，张燕琴．基于深度学习的高分辨率遥感图像识别与分类研究［J］．信息通信，2017（1）：110-111.

［49］ 王治．关于破解河道采砂管理难题的思考［J］．中国水利，2014（12）：36-38.

［50］ 胡鹏飞，毕竟，王志军．非法采砂损害航道程度分级研究［J］．中国水运（下半月），2022，22（04）：11-13.

［51］　吕奕霖．智慧河道采砂监管平台系统的设计与实现［D］．郑州：华北水利水电大学，2019．

［52］　颜智博，夏细禾．智能跟踪算法在采砂监管中的应用研究［J］．人民长江，2019，50（6）：6－10．

［53］　汤文华，陈灿斌，向舒华，等．基于深度学习的图像识别技术在非法采砂监管中的应用［J］．中国农村水利水电，2021（5）：108－112．

［54］　PAULK A，MILLARD S S，SWINDEREN B．Vision in drosophila：Seeing the world through a model's eyes［J］．Annual Review of Entomology，2013，58．

［55］　徐梦溪，施建强．仿生复眼型多源监测数据融合与专题信息提取［J］．水利信息化，2021（1）：71－75．

［56］　KANSAL A，HSU J，ZAHEDI S，et al．Power management in energy harvesting sensor networks［J］．ACM Transactions on Embedded Computing Systems，2007，6：32．

［57］　PIORNO J，BERGONZINI C，ATIENZA D，et al．Prediction and management in energy harvested wireless sensor nodes［C］//Proceedings of Wireless VITAE 2009．Aalborg，Denmark，2009：6－10．

［58］　YANG S，YANG X，MCCANN J A，et al．Distributed networking in autonomic solar powered wireless sensor networks［J］．IEEE J．Sel．Areas Commun，2013，31（12）：750－761．

［59］　ROSIPAL R，TREJO L J．Kernel partial least squares regression reproducing kernel Hilbert space［J］．J．Mach．Learn．Res，2002，2：97－123．

［60］　SUN G，LIU Y，ZHANG J，et al．Node selection optimization for collaborative beamforming in wireless sensor networks［J］．Ad Hoc Networks，2016，37（P2）：389－403．